HELBERT COSTA

O GUIA DEFINITIVO SOBRE ESTA
E OUTRAS INTELIGÊNCIAS ARTIFICIAIS

prefácio de **CLÓVIS DE BARROS FILHO**

2023

ChatGPT explicado

Copyright © 2023 by Helbert Costa

1ª edição: Junho 2022

Direitos reservados desta edição: CDG Edições e Publicações

O conteúdo desta obra é de total responsabilidade do autor e não reflete necessariamente a opinião da editora.

Autor:
Helbert Costa

Preparação:
3GB Consulting

Revisão:
Patrícia Alves Santana

Projeto gráfico e capa*:
Jéssica Wendy | Bruno Vencato

DADOS INTERNACIONAIS DE CATALOGAÇÃO NA PUBLICAÇÃO (CIP)

Costa, Helbert
 ChatGPT explicado : o guia definitivo sobre esta e outras inteligências artificiais / Helbert Costa. — Porto Alegre : Citadel, 2023.
 208 p.

ISBN 978-65-5047-237-5

1. Inteligência artificial 2. ChatGPT 3. Comunicação e tecnologia I. Título

23-2137 CDD 006.3

Angélica Ilacqua - Bibliotecária - CRB-8/7057

Produção editorial e distribuição:

contato@citadel.com.br
www.citadel.com.br

* O designer Bruno Vencato utilizou duas inteligências artificiais para criar a imagem da capa. Inicialmente, ele recorreu ao MidJourney, aplicando o comando: "Modern robot thinking, The Thinker position, white background --q 2 --s 50". Posteriormente, ele fez um ajuste sutil usando o DALL-E, com o comando: "sitting on large dark red books".

SUMÁRIO

Prefácio

Por Clóvis de Barros Filho — 7

Capítulo 1

Introdução: o que é o ChatGPT e como ele funciona? Qual o seu impacto na sociedade? — 10

Capítulo 2

O poder do ChatGPT: quais são os benefícios para as pessoas em geral? Como ele pode melhorar a vida cotidiana delas? — 20

Introdução aos benefícios do ChatGPT — 23

No trabalho: aumentando a produtividade
e a eficiência como nunca antes — 24

Na tomada de decisões: como o ChatGPT
acelera e facilita a tomada de decisões — 26

Na comunicação: aprimorando a compreensão
e a interação entre as pessoas — 35

Na educação: melhorando o dia a dia
de alunos e professores — 42

Na saúde: aplicações na área médica e de bem-estar — 53

No atendimento ao cliente: como o chat
pode melhorar a experiência do cliente — 55

Resumo dos benefícios do ChatGPT
e sua importância na vida cotidiana — 58

No marketing digital: otimizando a criação
de conteúdos e aumentando o engajamento — 59

Capítulo 3

A ética do ChatGPT: quais são as preocupações éticas
em torno do uso do ChatGPT? Como ele pode ser usado
de maneira responsável e ética? — **68**

A ascensão das inteligências artificiais
e o jogo assustador do autodesenvolvimento — 71

O lado sombrio da IA de imagem, vídeo e voz
(*deepfake*) - fraudes e perigos — 74

Perda de empregos: como a IA e o ChatGPT afetam
o mercado de trabalho e como você pode se adaptar
a essas mudanças — 77

Privacidade em jogo: entendendo os desafios
da privacidade e como proteger seus dados ao
usar o ChatGPT e suas variantes — 84

Manipulação e desinformação: enfrentando
o potencial uso inadequado do ChatGPT na criação
de notícias falsas e desinformação e como você pode
combater esses problemas utilizando ferramentas de IA — 89

Responsabilidade e tomada de decisão: investigando
questões de responsabilidade e tomada de decisão
na era da IA, incluindo o ChatGPT — 92

Dependência excessiva de tecnologia: analisando
os riscos de depender demais da IA e do ChatGPT e
encontrando o equilíbrio saudável — 96

Capítulo 4

Revolucionando a si mesmo: como usar
o ChatGPT da melhor maneira — **104**

Primeiros passos: entendendo a interface
e como começar a usar o ChatGPT — 107

Comunicando-se efetivamente com o ChatGPT: dicas
e truques para obter respostas precisas e relevantes — 109

Personalizando o ChatGPT: como adaptá-lo às suas
necessidades e preferências   112

Uso avançado de prompts de comando: explorando
modelos bem elaborados e dando exemplos   114

Limitações do ChatGPT: reconhecendo-as e
aprendendo a lidar com situações em que ele pode
não ser a solução ideal   122

Capítulo 5

Usando a tecnologia de inteligência artificial de forma
profissional: introdução à criação de chatbots com GPT-4 **126**

Entendendo o GPT-4: visão geral de seu
funcionamento e seus recursos   129

Entendendo a arquitetura do GPT-4   130

Treinando o modelo GPT com os seus dados   134

Enviando os dados   136

Ajustando o modelo   138

Usando o chat com os dados treinados   140

Cuidados ao criar seu bot e como evitar
viés discriminatório   141

Capítulo 6

Muito além do ChatGpt: ferramentas que fazem uso
de IA e que você deve colocar no dia a dia o quanto antes **146**

Um chatbot para chamar de seu   150

Criação de conteúdo sem as limitações do ChatGPT   154

Criando imagens e vídeos como um profissional   158

Análise de negócios – um shark tank digital   161

Capítulo 7

Integração de outras tecnologias de IA: como outras
tecnologias de IA podem ser integradas com o ChatGPT
para aumentar sua eficácia **164**

- Visão geral das tecnologias de IA complementares — 167
- IA na análise de sentimentos — 168
- Processamento de linguagem natural
  e análise de texto — 169
- IA e reconhecimento de voz — 170
- Sistemas de recomendação — 171
- Visão computacional e chatbots — 172
- IA e IoT (internet das coisas) — 173
- Considerações do desempenho e escalabilidade — 174

Capítulo 8

O futuro do ChatGPT: como o ChatGPT irá evoluir? **176**

Capítulo 9

A magia da coautoria: como escrever um livro
com a ajuda do ChatGPT **186**

Capítulo 10

Conclusão: principais conclusões e recomendações
para os leitores que estão se preparando para
uma nova era **200**

PREFÁCIO

Por Clóvis de Barros Filho

Caro leitor,

É com prazer e entusiasmo que apresento a você este livro que desbrava os mistérios e desafios da inteligência artificial. Aqui, embarcaremos juntos em uma jornada instigante que se desenrola sob a colaboração intrigante entre a mente humana e a inteligência artificial do ChatGPT.

Nas páginas seguintes, mergulharemos em um universo repleto de questionamentos e reflexões sobre o impacto da inteligência artificial em nossas vidas. Seremos desafiados a pensar além das aparências e a considerar os desdobramentos de um futuro que se delineia diante de nós.

Ao longo desta obra, o autor nos guiará por temas fundamentais, desde as entranhas do ChatGPT até as implicações éticas e os dilemas que acompanham essa tecnologia inovadora.

O objetivo é provocar sua mente, estimular seu senso crítico e convidá-lo a formar suas próprias opiniões sobre o assunto. Aqui, não se encontram promessas grandiosas ou discursos inflamados, mas sim uma visão ponderada e cautelosa sobre as possibilidades e desafios que a inteligência artificial nos reserva.

Convido-o a embarcar nessa jornada intelectual, a abraçar a curiosidade e a explorar os limites e fronteiras desse campo fascinante. Ao fazer isso, não apenas se aventurará na inteligência artificial, mas também descobrirá os anseios, os desafios e os potenciais que residem na própria essência da humanidade.

Este livro é um convite ao pensamento, ao questionamento e à reflexão. Ao percorrer suas páginas, você se deparará com uma compreensão mais profunda sobre o papel da tecnologia em nossa sociedade e as responsabilidades que nos são incumbidas ao usá-la.

Agradeço por se juntar a nós nessa jornada de descobertas e inquietações. Desejo-lhe uma experiência intelectual enriquecedora, que desperte seu olhar para além do óbvio e incite sua curiosidade sobre a inteligência artificial e o mundo em constante mutação.

Esteja preparado para desafiar suas próprias convicções, para explorar novos horizontes e para se encantar com as possibilidades que a inteligência artificial nos reserva. Embarque, agora, no despertar da inteligência artificial!

* * *

O texto acima contém redundâncias, imprecisões e obviedades. Em alguns momentos, resgata o mais rebarbativo estilo acaciano. Eu jamais o teria escrito.

Aliás, mesmo o leitor mineralizado, avesso assumido às letras, terá percebido a nova autoria, suponho. Afinal, "um futuro que se delineia diante de nós" é clareza demais para quem sempre pensou entre as linhas.

Quanto ao "embarcar" obsessivo, terminei mareado e rogando ao Raul que me deixasse em paz.

O leitor intrigado pergunta: quem escreveu a pleonástica e bem comportada primeira parte desse texto? Eu me explico. Encontrava-me em ócio profundo. Não o das grandes reflexões. Mas sim o do nada fazer morboso e rascante. Ante a premência dos prazos editoriais, pedi ao chat não sei das quantas que me fizesse a gentileza de redigir as mal traçadas linhas de acima em meu lugar. Para gáudio da preguiça em vício, o maganão em segundos cuspiu tudo prontinho.

Não é uma beleza? Bem, agora que o livro já tem um prefácio, peço vossa licença para retornar, em companhia de meus eus vagabundos, às catacumbas dos espíritos que já se foram.

O livro que segue é uma advertência lúcida, inspirada e delicada sobre a relevância dos aportes da IA bem como dos seus eventuais impactos na vida intelectiva dos humanos.

CAPÍTULO 1

INTRODUÇÃO: O QUE É O CHATGPT E COMO ELE FUNCIONA? QUAL O SEU IMPACTO NA SOCIEDADE?

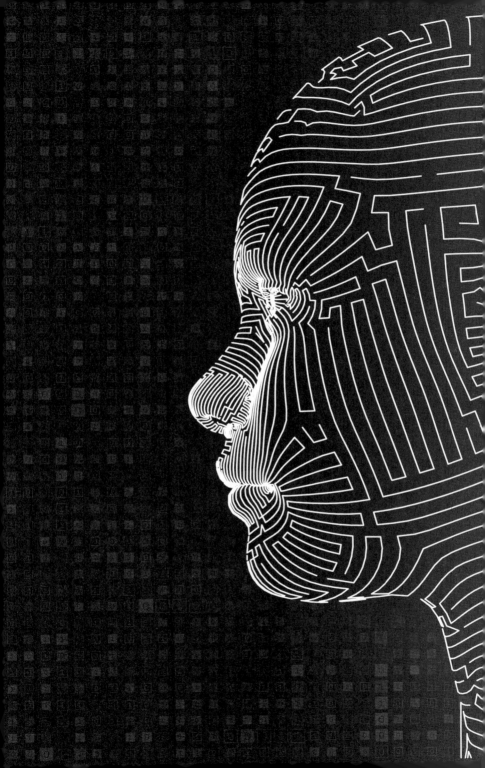

DÊ O PRÓXIMO PASSO E CONECTE-SE A UM MUNDO DE CONHECIMENTO EM CONSTANTE EVOLUÇÃO!

Ao escanear o QRCode ao lado, você será direcionado a um chatbot alimentado pela mais avançada inteligência artificial.  Ele possui todo o conteúdo do livro e se mantém constantemente atualizado com as últimas novidades e descobertas no campo da IA. Afinal, a inteligência artificial é um campo em constante evolução, e a única maneira de acompanhar esse ritmo acelerado é por meio de uma fonte de informação que se adapte e cresça junto com os avanços tecnológicos.

Ao conversar com nosso bot, você terá acesso a informações detalhadas, exemplos práticos e insights valiosos sobre o fascinante mundo da IA. Além disso, o chatbot é capaz de responder às suas perguntas e se adaptar às suas necessidades específicas, proporcionando uma experiência de aprendizado personalizada e eficiente.

Bem-vindo a esta incrível jornada pelo mundo do ChatGPT, a tecnologia de inteligência artificial que está revolucionando a forma como nos comunicamos. Neste primeiro capítulo, vamos explorar o que é o ChatGPT, como ele funciona e qual é o impacto dessa inovadora tecnologia na sociedade.

Se você ainda não tem usado ferramentas como "bot", "chatbot" e "IA" (inteligência artificial) na vida profissional, é melhor se preparar. Isso porque a conexão tecnológica já é uma realidade, e ela está só começando!

Ao abordar a esfera da inteligência artificial, sou frequentemente confrontado com uma indagação assustadora: o ChatGPT e outras inteligências artificiais irão usurpar nossos empregos? A resposta, inegavelmente impactante, é: sim. Milhões de empregos desaparecerão à medida que as pessoas se tornam extraordinariamente mais produtivas, eliminando a necessidade de equipes inteiras para executar tarefas rotineiras. Uma equipe não será totalmente substituída, mas o que antes era feito por dez pessoas agora requer apenas duas (na verdade, uma, mas ela pode ficar doente e precisar de alguém para substituí-la).

Sei que é assustador e que é um problema para o qual nenhum governo no mundo está olhando. Mas o intuito deste livro é prepará-lo para essa nova fase da humanidade em que conviveremos com inteligências artificiais.

Dominar ou não essas ferramentas determinará se você pertencerá ao grupo altamente produtivo ou ao grupo facilmente substituível. Há uma citação poderosa que encapsula perfeitamente esse conceito: "Nenhum indivíduo supera a inteligência artificial. Entretanto, nenhuma inteligência artificial é superior a uma pessoa que a utiliza". Portanto, prepare-se para a revolução que se aproxima.

Desde que incorporei o ChatGPT na minha rotina, minha produtividade alcançou patamares estratosféricos, e agora sinto como se tivesse habilidades sobre-humanas, realizando feitos que jamais imaginei ser capaz, como programar em linguagens desconhecidas ou escrever um livro inteiro em apenas dez dias. Sim, você leu corretamente: este livro que você tem em mãos foi cocriado pelo ChatGPT e concebido em um tempo recorde de dez dias. Devo ressaltar que, como alguém que enfrenta a dislexia e o TDAH, sempre sonhei em escrever um livro. Entretanto, essa tarefa parecia quase inalcançável até o advento do ChatGPT. E agora, cá estou, realizando o impossível em meros dez dias.

É incrível como uma ferramenta de inteligência artificial pode ter um impacto tão grande na nossa vida cotidiana. Experimentei isso e quero que você também o faça.

No começo, eu usava o ChatGPT de forma básica, mas com o tempo fui aprimorando minha habilidade de utilizá-lo. A curva de aprendizagem foi íngreme, mas me desafiei e experimentei com o assistente virtual até me tornar um *expert* nisso. Agora posso utilizá-lo para me ajudar em vários aspectos do meu trabalho e aprimorar minha comunicação e interação com outras pessoas. Hoje, ele é um assistente pessoal que me ajuda em muitas atividades diariamente, desde escrever um e-mail ou uma mensagem de WhatsApp a resumir um vídeo e me informar em qual minuto do vídeo a parte que me interessa vai estar.

Essa inteligência artificial é uma das aplicações mais promissoras da IA, não por ser tão melhor que as outras, mas por ser facilmente usada por usuários que não têm conhecimento em programação.

Baseado na arquitetura GPT-4, desenvolvida pela empresa OpenAI, o assistente de texto é um modelo de linguagem avançado que pode entender e gerar textos de maneira muito similar à humana. Sua capacidade de gerar respostas coerentes, criativas e informativas tem sido um divisor de águas, tanto para especialistas em tecnologia quanto para o público em geral. O aplicativo de IA tem uma capacidade quase humana de analisar planos de negócio, fornecer *feedback* sobre livros ou sobre qualquer outro assunto que seja importante para você. Costumo brincar com meus amigos que, se você não usa o assistente de linguagem diariamente, é porque não o entendeu ainda, e esse é o problema que vamos resolver com este livro.

Mas como o ChatGPT funciona? O ChatGPT é um programa que pode conversar com as pessoas e responder às suas perguntas. Ele é muito bom nisso, quase como uma pessoa de verdade! Mas, para funcionar, ele usa um processo chamado aprendizado profundo.

Isso significa que ele foi treinado com muitos exemplos de texto e aprendeu a identificar padrões e entender o que as palavras significam. Quando você digita algo em seu ambiente, ele olha para as palavras e tenta encontrar a melhor resposta possível com base no que aprendeu, e o mais interessante disso é que você usa a tecnologia dele para treiná-lo com seus próprios dados, como veremos mais adiante.

O impacto de um assistente com inteligência artificial na sociedade é imenso. Ele tem transformado a maneira como nos relacionamos com a tecnologia e facilitado a vida de milhões de pessoas. Um exemplo disso é a história de Joana, uma brasileira de 28 anos que não é especialista em tecnologia.

Joana trabalha como gerente de projetos em uma empresa de pequeno porte. Ela descobriu o ChatGPT enquanto procurava por soluções que a ajudassem a se comunicar melhor com sua equipe e a organizar suas tarefas. Ao utilizar essa ferramenta, ela pôde melhorar a eficiência de suas reuniões, pois o chatbot fornecia informações relevantes e sugestões em tempo real, além de ajudá-la a gerar relatórios mais detalhados e precisos. Segundo Joana, ela usa o assistente de texto para planejar projetos, reavaliar portfólio e até decidir prioridades.

O impacto da inteligência artificial vai além do uso individual. Ela também tem sido aplicada em diversos setores, como educação, saúde, negócios e entretenimento. Por exemplo, professores podem utilizar essa inteligência artificial para criar material didático personalizado para seus alunos, enquanto médicos podem contar com o auxílio dessa tecnologia para obter informações atualizadas e confiáveis sobre doenças e tratamentos.

No entanto, junto com os benefícios, surgem também preocupações quanto ao uso indevido dessa tecnologia. É crucial entendermos como utilizá-la de forma ética e responsável, evitando riscos como a propagação de informações falsas e a invasão de privacidade. Essas questões serão discutidas em detalhes no Capítulo 3 deste livro.

Ao longo do livro, exploraremos os poderes e benefícios de se usar uma inteligência artificial no dia a dia, bem como os desafios éticos que os acompanham. Também aprenderemos como utilizar essa tecnologia da melhor maneira possível e como desenvolver nosso próprio chatbot usando o GPT-4. Fique conosco nesta fascinante viagem pelo mundo do "aplicativo de IA" e descubra como ele pode melhorar nossas vidas e nos ajudar a enfrentar os desafios do futuro.

O ChatGPT é uma verdadeira revolução em termos de inteligência artificial. Com ele, podemos nos comunicar e interagir com o mundo de uma maneira totalmente nova, proporcionando inúmeras possibilidades para melhorar nosso cotidiano e beneficiando milhões de pessoas em diversos setores. Vamos explorar juntos essa incrível ferramenta e descobrir como ela pode nos ajudar a enfrentar os desafios da vida moderna.

Mas lembre-se, embora o ChatGPT seja uma ferramenta poderosa, ele não é a solução para todos os nossos problemas. Ao longo deste livro, apresentaremos diversas ferramentas e *plugins* que podem tornar seu uso ainda mais eficiente e produtivo.

Este é um guia prático e informativo para explorar o ChatGPT em toda sua grandeza, compreendendo suas possibilidades e limitações. Prepare-se para mergulhar em um mundo repleto de descobertas e aprendizado!

CAPÍTULO 2

O PODER DO CHATGPT: QUAIS SÃO OS BENEFÍCIOS PARA AS PESSOAS EM GERAL? COMO ELE PODE MELHORAR A VIDA COTIDIANA DELAS?

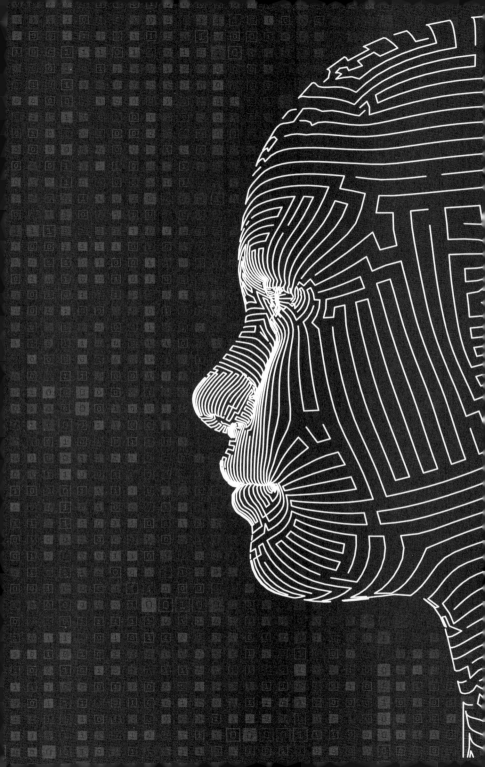

INTRODUÇÃO AOS BENEFÍCIOS DO CHATGPT

O ChatGPT, uma evolução da tecnologia GPT, desenvolvida pela OpenAI, revolucionou a maneira como nos comunicamos e interagimos com a inteligência artificial. Neste capítulo, exploraremos os diversos benefícios que o ChatGPT oferece para pessoas de diferentes áreas e o modo como ele pode melhorar a vida cotidiana em vários aspectos.

Uma das principais vantagens do ChatGPT é sua capacidade de processar e gerar texto de forma natural, possibilitando a criação de chatbots mais eficientes e versáteis. Esses chatbots podem ser aplicados em diversos setores, desde ambiente de trabalho até educação e saúde, proporcionando melhorias significativas na forma como nos comunicamos e tomamos decisões.

No trabalho, o ChatGPT pode ser usado para automatizar tarefas e aumentar a produtividade, auxiliando profissionais a gerenciar projetos, responder e-mails e otimizar processos internos. Na tomada de decisões, ele pode ser uma ferramenta valiosa, fornecendo informações e análises para embasar escolhas importantes em diferentes contextos.

A comunicação é outra área em que o chatbot brilha, ajudando a aprimorar a compreensão e a interação entre as pessoas, independentemente de barreiras linguísticas ou culturais. Na educação, professores e estudantes podem tirar proveito dessa tecnologia para melhorar o aprendizado e o acesso a informações, enquanto na saúde o chatbot tem o potencial de revolucionar diagnósticos e tratamentos, fornecendo soluções mais precisas e personalizadas.

Nas próximas partes deste capítulo, examinaremos cada um desses benefícios em detalhes, ilustrando como o ChatGPT pode impactar positivamente a vida das pessoas e apresentando exemplos concretos de sua aplicação em diferentes situações.

NO TRABALHO: AUMENTANDO A PRODUTIVIDADE E A EFICIÊNCIA COMO NUNCA ANTES

Você será surpreendido com o poder que a inteligência artificial tem para transformar o ambiente de trabalho! Ela, se usada da forma certa, pode impulsionar a produtividade e a eficiência de maneiras que você nunca imaginou serem possíveis. Veja como a inteligência artificial pode fazer a diferença no seu dia a dia profissional. Ela pode revolucionar a redação e a edição de documentos. Diga adeus àquelas horas intermináveis gastas na elaboração de relatórios, e-mails e apresentações. O ChatGPT é capaz de gerar textos claros e concisos em um piscar de olhos, poupando tempo e esforço. Basta fornecer algumas diretrizes e deixar a mágica acontecer! E você pode usar ferramentas que usam IA para gerar as imagens da sua apresentação como veremos no Capítulo 10.

Além disso, o ChatGPT pode ser um valioso assistente pessoal virtual. Ele pode ajudar a organizar a sua agenda, registrar os compromissos, enviar lembretes e até mesmo responder e-mails básicos por você. Imagine ter um assistente sempre à disposição para tornar seu trabalho mais fácil e eficiente!

O gerenciamento de projetos também pode ser otimizado com a tecnologia GPT. Ela pode analisar dados, identificar gargalos, sugerir melhorias e fornecer atualizações de *status* em tempo real para a equipe. Isso significa que você pode se concentrar no que realmente importa e tomar decisões informadas para garantir o sucesso do projeto.

Quando se trata de colaboração, ele é um verdadeiro facilitador – podendo ajudar a coordenar o trabalho entre equipes, agilizar a comunicação e garantir que todos estejam na mesma página. Com o ChatGPT ao seu lado, o trabalho em equipe nunca foi tão simples e eficaz!

Em resumo, o ChatGPT tem o poder de revolucionar o ambiente de trabalho e melhorar a produtividade e a eficiência de maneiras nunca antes vistas. Aproveite essa incrível tecnologia e leve sua carreira a novos patamares!

NA TOMADA DE DECISÕES: COMO O CHATGPT ACELERA E FACILITA A TOMADA DE DECISÕES

A tomada de decisões é uma parte crucial da vida cotidiana, tanto no âmbito pessoal quanto no profissional. O ChatGPT tem demonstrado ser uma ferramenta valiosa para auxiliar na tomada de decisões informadas e fundamentadas em diversos contextos.

Uma das principais maneiras pelas quais ele pode ajudar na tomada de decisões é fornecendo informações e análises relevantes. Ao acessar e analisar uma grande quantidade de dados e conhecimentos, o ChatGPT pode fornecer aos usuários informações úteis e precisas que podem servir como base para decisões. Isso é especialmente útil em empresas que usam CRM ou empresas que têm muitos dados de produtos e clientes e os usam para tomar decisões. Outra aplicação do ChatGPT na tomada de decisões é a facilitação da colaboração e da discussão em equipe. Por meio da geração de texto natural e eficiente, o chatbot (bot) pode servir como uma plataforma de comunicação eficaz para conectar membros da equipe e facilitar a troca de ideias e informações. Isso pode ajudar os grupos a tomar decisões de interesse coletivo e encontrar soluções inovadoras para problemas complexos.

O ChatGPT também pode ser uma ferramenta útil para a tomada de decisões pessoais, fornecendo conselhos e sugestões com base no contexto e nas informações fornecidas pelo usuário. Embora seja importante lembrar que ele ou qualquer outra IA atual não são fontes infalíveis e que suas sugestões devem ser consideradas juntamente com o conhecimento e o discernimento pessoal, ele pode fornecer ideias e perspectivas valiosas para auxiliar nas escolhas cotidianas.

Por fim, pode ser usado para desenvolver cenários futuros e prever possíveis resultados de decisões. Com sua capacidade de processar informações e gerar ideias baseadas em dados, o ChatGPT pode ajudar os usuários a explorar diferentes possibilidades e a avaliar os prós e contras de cada opção antes de tomar uma decisão.

Em resumo, o ChatGPT tem um potencial significativo para melhorar a tomada de decisões em diversos contextos, fornecendo informações, análises e ideias valiosas que podem ajudar indivíduos e grupos a fazer em escolhas mais informadas e eficazes.

O quadro a seguir traz um plano estratégico criado pelo ChatGPT, para exemplificar seu potencial.

Quando gerenciei o Escritório de Projetos do Comitê Olímpico do Brasil, gastamos dias para fazer o tipo de análise que no quadro abaixo fiz em três minutos.

Preciso criar um *case* de uma empresa de *e-commerce* que tinha vários projetos em seu portfólio e precisava decidir qual fazer. Sua tarefa é: dar um nome para a empresa e dizer o que ela faz, criar 3 objetivos estratégicos da organização e listar 6 projetos com benefícios e objetivos.

Nome da empresa: E-CompreCerto
Atuação: Vendas de produtos diversos por meio de uma plataforma de *e-commerce*.
Três objetivos estratégicos da organização:

1. Expandir a participação de mercado, aumentando a base de clientes e melhorando a retenção.
2. Diversificar o portfólio de produtos, oferecendo uma gama de produtos inovadores e exclusivos.
3. Otimizar a eficiência operacional, reduzindo custos e melhorando a experiência do cliente.

Seis projetos com benefícios e objetivos:

1. Projeto: Implementação de um programa de fidelidade.

    - Benefícios: Aumento da retenção de clientes e melhoria do relacionamento com os consumidores.
    - Objetivos: Aumentar a taxa de retorno de clientes em 20% e elevar o ticket médio em 10%.

2. Projeto: Otimização do processo logístico.
    Benefícios: Redução de custos e aumento da satisfação do cliente.

    - Objetivos: Reduzir o prazo médio de entrega em 25% e diminuir os custos de frete em 15%.

3. Projeto: Integração com *marketplaces* e redes sociais.

    - Benefícios: Ampliação do alcance e aumento das vendas.

- Objetivos: Aumentar a participação de mercado em 10% e elevar o faturamento em 20%.

4. Projeto: Personalização da experiência do usuário.

- Benefícios: Melhoria na satisfação do cliente e aumento da conversão de vendas.
- Objetivos: Aumentar a taxa de conversão em 15% e reduzir a taxa de abandono de carrinho em 10%.

5. Projeto: Implementação de uma estratégia de sustentabilidade.

- Benefícios: Fortalecimento da imagem da marca e redução de impactos ambientais.
- Objetivos: Reduzir a emissão de carbono em 20% e aumentar o uso de embalagens sustentáveis em 50%.

6. Projeto: Expansão para novos mercados internacionais.

- Benefícios: Aumento da receita e diversificação da base de clientes.
- Objetivos: Aumentar as vendas internacionais em 30% e estabelecer a marca em pelo menos 2 novos países.

Agora me forneça uma nota de 1 a 5 para cada um dos objetivos estratégicos. Sendo 5 o mais importante e 1 o objetivo menos importante.

1. Expandir a participação de mercado, aumentando a base de clientes e melhorando a retenção: Nota 5.
2. Diversificar o portfólio de produtos, oferecendo uma gama de produtos inovadores e exclusivos: Nota 4.
3. Otimizar a eficiência operacional, reduzindo custos e melhorando a experiência do cliente: Nota 3.

A justificativa para essas notas é que expandir a participação de mercado e reter clientes são fundamentais para o crescimento e a sustentabilidade da empresa, por isso receberam nota 5. Diversificar o portfólio de produtos é importante para atrair e manter clientes interessados, recebendo nota 4. Por fim, otimizar a eficiência operacional é importante para a saúde financeira da empresa e a satisfação dos clientes, mas pode ser considerado menos crítico que os outros dois objetivos, recebendo nota 3.

Agora faça uma tabela correlacionando os projetos com os objetivos. Cada objetivo deve estar em uma coluna, e cada projeto, em uma linha. Na interseção entre projeto e objetivo, coloque uma nota de 1 a 5, que representará o tanto que aquele projeto ajuda o objetivo. Quanto maior a nota, maior o impacto do projeto no objetivo.
O peso de cada objetivo deve ser multiplicado pela nota do projeto, tendo assim um resultado ponderado.
A última coluna será a somatória de todas as notas daquele projeto.
Depois da tabela, em texto, relacione os projetos por ordem de importância e explique.

Tabela de correlação entre projetos e objetivos estratégicos:

Projeto	Objetivo 1 (5)	Objetivo 2 (4)	Objetivo 3 (3)	Nota ponderada
Implementação de um programa de fidelidade	5	3	4	40
Otimização do processo logístico	4	1	5	31
Integração com marketplaces e redes sociais	5	4	2	38
Personalização da experiência do usuário	4	2	5	33
Implementação de uma estratégia sustentável	2	4	3	25
Expansão para novos mercados internacionais	5	5	1	39

Projetos em ordem de importância:

1. Implementação de um programa de fidelidade (nota ponderada: 40) - Este projeto tem grande impacto na expansão da participação de mercado e na retenção de clientes, além de contribuir para a otimização da eficiência operacional.
2. Expansão para novos mercados internacionais (nota ponderada: 39) - A expansão internacional aumenta significativamente a participação de mercado e ajuda na diversificação do portfólio de produtos, mas tem um impacto menor na otimização da eficiência operacional.
3. Integração com *marketplaces* e redes sociais (nota ponderada: 38) - Este projeto tem influência positiva tanto na expansão da participação de mercado quanto na diversificação do portfólio de produtos, mas seu impacto na otimização da eficiência operacional é menor.

4. Personalização da experiência do usuário (nota ponderada: 33) - Este projeto contribui para a expansão da participação de mercado e otimização da eficiência operacional, mas tem um impacto menor na diversificação do portfólio de produtos.
5. Otimização do processo logístico (nota ponderada: 31) - Este projeto tem um impacto significativo na otimização da eficiência operacional e na expansão da participação de mercado, mas tem influência menor na diversificação do portfólio de produtos.
6. Implementação de uma estratégia sustentável (nota ponderada: 25) - Este projeto tem um impacto moderado na diversificação do portfólio de produtos e na otimização da eficiência operacional, mas seu impacto na expansão da participação de mercado é menor em comparação com os outros projetos.

Esses são os custos para executar cada projeto:
Implementação de um programa de fidelidade - U$500.000.
Otimização do processo logístico - U$150.000.
Integração com *marketplaces* e redes sociais - U$200.000.
Personalização da experiência do usuário - U$300.000.
Implementação de uma estratégia sustentável - U$200.000.
Expansão para novos mercados internacionais - U$400.000.

> Tendo em vista que tenho como *budget* total U$700.000 para gastar com projetos, qual conjunto de projeto eu deveria fazer para que o custo total do conjunto não ultrapasse o meu budget total e a somatória da nota ponderada do grupo seja a maior possível. Explique a decisão.

Com base no orçamento disponível de U$700.000, o conjunto de projetos que oferece a maior soma de notas ponderadas sem ultrapassar o orçamento é:

1. Otimização do processo logístico - U$150.000 (nota ponderada: 31).
2. Integração com *marketplaces* e redes sociais - U$200.000 (nota ponderada: 38).
3. Personalização da experiência do usuário - U$300.000 (nota ponderada: 33).

Custo total: U$150.000 + U$200.000 + U$300.000 = U$650.000.
Soma das notas ponderadas: 31 + 38 + 33 = 102.

Essa combinação de projetos foi escolhida porque apresenta a maior soma de notas ponderadas, ao mesmo tempo em que respeita o orçamento disponível. Os projetos de otimização do processo logístico, integração com *marketplaces* e redes sociais e personalização da experiência do usuário abordam diferentes aspectos do negócio e contribuem para a expansão da participação de mercado, diversificação do portfólio de produtos e otimização da eficiência operacional.

> Embora projetos como a implementação de um programa de fidelidade e expansão para novos mercados internacionais tenham notas ponderadas altas, seus custos são muito elevados e, se combinados com outros projetos, ultrapassaram o orçamento disponível. Portanto, a opção escolhida maximiza o retorno sobre o investimento e contribui para o alcance dos objetivos estratégicos, mantendo-se dentro do orçamento estipulado.

Você notou como ele foi capaz de analisar todos os projetos, ver os grupos possíveis com base no meu orçamento e me fornecer informações precisas para a tomada de decisão?

NA COMUNICAÇÃO: APRIMORANDO A COMPREENSÃO E A INTERAÇÃO ENTRE AS PESSOAS

A comunicação é uma parte essencial da vida humana, e a capacidade de se conectar com outras pessoas é crucial para o nosso bem-estar e sucesso. O ChatGPT tem o potencial de melhorar significativamente a comunicação e a interação entre as pessoas, eliminando barreiras e promovendo uma compreensão mais profunda entre elas.

Uma das principais contribuições do ChatGPT à comunicação é a sua habilidade de lidar com diferentes idiomas e dialetos. Ao oferecer traduções rápidas e precisas, o ChatGPT pode ajudar a superar as barreiras linguísticas e permitir que as pessoas se comuniquem de forma mais eficiente, independentemente de sua língua nativa. Isso é especialmente importante em um mundo globalizado, onde a comunicação entre culturas é cada vez mais comum.

Além disso, o ChatGPT pode ser usado para aprimorar a comunicação escrita, fornecendo sugestões e correções gramaticais e de estilo. Isso pode ser particularmente útil para pessoas que têm dificuldades com a redação ou para aqueles que desejam aperfeiçoar suas habilidades de escrita. Ao melhorar a qualidade da comunicação escrita, o ChatGPT pode ajudar a garantir que as ideias e informações sejam transmitidas de forma mais clara e eficaz.

O ChatGPT também pode desempenhar um papel importante na melhoria da comunicação interpessoal, facilitando a expressão de emoções e sentimentos. Por exemplo, pode ser usado para ajudar as pessoas a encontrar as palavras certas para expressar emoções ou para fornecer apoio emocional em momentos difíceis. Isso pode ser especialmente benéfico para pessoas que têm dificuldades de se comunicar ou expressar emoções.

Outra aplicação promissora do ChatGPT na comunicação é a sua capacidade de gerar resumos e sínteses de informações complexas. Isso pode facilitar a compreensão e a disseminação de informações, permitindo que as pessoas se mantenham atualizadas sobre tópicos relevantes e compartilhem conhecimentos de maneira mais eficiente.

Um exemplo muito bom de resumo usando o ChatGPT é usá-lo para resumir vídeos do YouTube. Uma boa opção para isso é usar uma extensão do navegador Google Chrome chamada YoutubeDigest, que faz resumos automáticos dos vídeos. Ao adicionar a extensão no seu navegador, do lado direito de cada vídeo aparecerá um resumo em marcadores, um parágrafo ou um artigo. E o melhor: você pode personalizar a forma como quer visualizar o resumo, seja com marcadores, seja com parágrafos ou até mesmo com um artigo completo!

Na imagem abaixo, você pode ver um vídeo em inglês, com resumo em português, usando a extensão YoutubeDigest, que aparece ao lado direito: ChatGPTSummary.

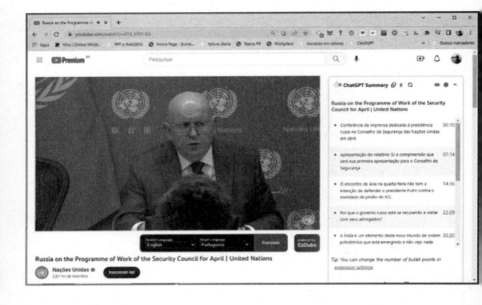

Aproveito a imagem para introduzir outra IA: EzDubs. Se você reparar, abaixo do vídeo da ONU aparece uma caixa preta onde posso selecionar tanto o idioma do vídeo quanto o da dublagem. Com o EzDubs, você pode traduzir e dublar vídeos em diferentes idiomas com facilidade e rapidez. Basta selecionar o idioma do vídeo original e o idioma para o qual deseja dublá-lo e deixar que a inteligência artificial faça o trabalho pesado para você. A tecnologia avançada do EzDubs permite que ele analise cuidadosamente o conteúdo do vídeo e crie uma cópia dublada que imita o timbre de voz das pessoas, dando a impressão de que elas mesmas estão falando em outro idioma.

Além disso, o EzDubs é extremamente fácil de usar também para vídeos que você tenha na sua máquina. Basta fazer *upload* de um vídeo seu falando em português, selecionar o idioma de saída e você terá um vídeo seu falando em qualquer idioma que você queira. Temos aí um exemplo de como, com a inteligência artificial, você pode expandir seu alcance e se comunicar com pessoas em todo o mundo, independentemente da língua que falem. E o melhor de tudo, você pode fazer isso sem precisar gastar tempo e dinheiro na contratação de dubladores ou na produção de novos vídeos.

Como base nesse exemplo, convido-o a pensar na primeira pergunta que fiz no começo do livro: o ChatGPT e outras inteligências artificiais vão tirar empregos? Com certeza, esses dois *plugins* têm um impacto gigante na profissão de tradutores e dubladores.

Em suma, o ChatGPT tem um grande potencial para aprimorar a comunicação e a interação entre as pessoas, promovendo maior compreensão e conexão em um mundo cada vez mais interconectado.

A eficiência e a produtividade são fatores essenciais em qualquer ambiente de trabalho, e um dos maiores obstáculos para alcançá-las é a grande quantidade de tempo que muitos trabalhadores gastam lidando com e-mails. De acordo com estudos recentes, os trabalhadores gastam uma quantidade significativa de tempo com isso. Em 2016, a Boomerang analisou dados de mais de 5,3 milhões de e-mails para descobrir como as pessoas os usam no trabalho. Em média, elas gastam cerca de 2,5 horas por dia lendo e respondendo e-mails.

No entanto, a boa notícia é que a tecnologia pode ajudar a resolver esse problema. Uma das ferramentas mais úteis para economizar tempo e aumentar a eficiência no gerenciamento de e-mails é a extensão gratuita para o Gmail chamada "ChatSonic - ChatGPT with super powers".

Com essa extensão, é possível sintetizar um e-mail longo e complexo em um resumo executivo claro e conciso com apenas um clique. Isso é possível graças à tecnologia de inteligência artificial do ChatGPT, que analisa o conteúdo do e-mail e extrai as informações mais importantes, permitindo que o usuário economize tempo na leitura e compreensão do e-mail. Ou seja, aquele e-mail que já passou por dezenas de pessoas e agora chega à sua caixa postal para sua análise pode ser resumido em um parágrafo, com um clique.

Além disso, a extensão também permite que o usuário responda rapidamente o e-mail, selecionando o tom de resposta desejado com apenas o clique de um botão. Essa funcionalidade é particularmente útil para evitar mal-entendidos e garantir uma comunicação mais clara e eficiente.

Outras extensões do Chrome também estão disponíveis para ajudar a ganhar tempo em outras plataformas, como Google Docs, Sheets e as principais redes sociais. Ao utilizar essas ferramentas, o usuário pode economizar tempo e aumentar a produtividade no trabalho, sem a necessidade de gastar horas lendo e-mails ou realizando tarefas repetitivas.

Em resumo, a utilização de tecnologias como o ChatSonic e outras extensões do Chrome pode fazer uma grande diferença na eficiência e produtividade do ambiente de trabalho, permitindo que você direcione seu tempo e sua energia para tarefas mais importantes e estratégicas.

NA EDUCAÇÃO: MELHORANDO O DIA A DIA DE ALUNOS E PROFESSORES

Sei que os professores foram os primeiros a ficar assustados com a tecnologia – como aconteceu em NY, onde pensaram até em proibi-la –, e acredito que essa briga ainda vai durar. Mas fico triste em saber que se trata apenas da ignorância das escolas de como usar uma tecnologia como essa para impulsionar o aprendizado.

A educação é uma das áreas em que o ChatGPT pode ter impacto significativo, fornecendo apoio e recursos valiosos para estudantes e educadores. O ChatGPT tem o potencial de transformar a forma como aprendemos e ensinamos, tornando a educação mais personalizada, eficiente e envolvente.

Uma das principais aplicações do ChatGPT na educação é como uma ferramenta de tutoria e suporte ao aprendizado. O ChatGPT pode fornecer explicações detalhadas e exemplos específicos para ajudar os estudantes a entender conceitos complexos. Além disso, o ChatGPT pode adaptar-se ao ritmo e ao nível de compreensão do aluno, oferecendo uma experiência de aprendizado mais personalizada e eficaz.

Olhe este exemplo que fiz com um simples prompt.

Você será um professor de história do sexto ano do Ensino Fundamental II. Você é divertido e tem um modo cativante de explicar. Com base no livro de Patricia Ramos Braick e Anna Barreto "Estudar História: das origens do homem à era digital", Editora Moderna, faça-me perguntas para que eu possa explicar como cheguei a essa alternativa. Encontre as falhas no meu modo de pensar e, como professor, guie-me para o conhecimento necessário para responder à questão. Não forneça a resposta correta até que eu acerte.

Olá, aluno! Vamos nos divertir aprendendo história juntos! Baseado no livro de Patricia Ramos Braick e Anna Barreto "Estudar História: das origens do homem à era digital", eu tenho algumas perguntas para ajudar a guiar seu pensamento e compreensão. Vamos começar!

Pergunta 1:
No capítulo sobre as civilizações antigas, encontramos informações sobre a Mesopotâmia. Você poderia me dizer quais foram os principais povos que habitaram essa região e por que eles eram importantes para o desenvolvimento das primeiras cidades?

Pergunta 2:
Falando sobre a Grécia Antiga, qual é a importância do período homérico na formação da cultura grega? Pode mencionar alguns elementos que caracterizam essa época?

Pergunta 3:
Passando para a Idade Média, como o feudalismo se estabeleceu na Europa? Quais foram as principais características desse sistema e quais fatores contribuíram para o seu declínio?

Lembre-se de compartilhar seu raciocínio e, caso encontre alguma dificuldade, estou aqui para te ajudar a encontrar o conhecimento necessário para responder essas questões. Vamos em frente!

 Questão1. Foram os gregos?

Ah, vejo que você está um pouco confuso sobre qual civilização se refere à Mesopotâmia. Vamos trabalhar juntos nisso! Os gregos não foram os principais povos que habitaram a Mesopotâmia. A Mesopotâmia é uma região histórica que abrange partes do atual Iraque, Irã, Síria e Turquia. Pense em alguns povos antigos que você já ouviu falar que se encaixariam nessa descrição geográfica. Talvez você consiga se lembrar de algum rei famoso ou um código de leis conhecido que possa ajudar a identificar os povos da Mesopotâmia. O que acha?

Você está falando do Código de Hamurabi?

Exatamente! O Código de Hamurabi é um conjunto de leis criado pelo rei Hamurabi, da Babilônia, uma das civilizações que existiram na Mesopotâmia. Agora que você mencionou o Código de Hamurabi e a Babilônia, talvez isso te ajude a lembrar-se de outros povos importantes que habitaram essa região. Pense em outras cidades e impérios que também estiveram presentes na Mesopotâmia. Vamos lá, você está indo bem!

Foram os babilônios?

Isso mesmo! Os babilônios foram um dos povos importantes que habitaram a Mesopotâmia. Além deles, houve outros povos que também desempenharam um papel fundamental no desenvolvimento das primeiras cidades e civilizações na região. Tente se lembrar de pelo menos mais um ou dois povos que fizeram parte da história da Mesopotâmia. Vamos, você está chegando lá!

Foram os sumérios, acádios, babilônios, assírios e caldeus.

Parabéns! Você acertou! Os principais povos que habitaram a Mesopotâmia foram os sumérios, acádios, babilônios, assírios e caldeus. Cada um desses povos teve sua importância no desenvolvimento das primeiras cidades, na criação de sistemas de escrita, na organização política e social e na arte e arquitetura.

Agora que você já sabe quais foram os principais povos da Mesopotâmia, vamos continuar nossa jornada de aprendizado! Lembre-se de que estou aqui para te ajudar com qualquer dúvida ou dificuldade que possa surgir. Vamos em frente!

Pergunta 4:
Passando para a Idade Média, como o feudalismo se estabeleceu na Europa? Quais foram as principais características desse sistema e quais fatores contribuíram para o seu declínio?

Vale destacar que, usando a chave da OpenAI, uma escola pode criar um bot em que essa primeira instrução que eu dei seja escondida, assim o aluno poderia vivenciar apenas a experiência de falar com um professor digital.

Para as pessoas mais antigas, pode parecer estranho estudar com uma IA. Mas lembro quando a minha filha Sarah, que hoje cursa Arquitetura na USP, estava estudando para o vestibular e ofereci contratar um professor particular, mas ela preferiu ver vídeos no YouTube, pois achava mais objetivo e prático. O resultado eu já falei na frase anterior. Agora imagine juntar essa funcionalidade do ChatGPT a uma extensão de voz e vídeo com IA, fazendo um professor virtual.

Os educadores também podem se beneficiar do ChatGPT como uma ferramenta de planejamento de aulas e desenvolvimento de recursos didáticos. O ChatGPT pode gerar ideias criativas para atividades e projetos, bem como fornecer informações e materiais adicionais para enriquecer o conteúdo da aula. Isso pode ajudar os educadores a criar experiências de aprendizado mais envolventes e significativas para seus alunos.

Olhe este outro diálogo que fiz com o ChatGPT:

Você será um professor de História do sexto ano do Ensino Fundamental II. Com base no livro "Estudar História: das origens do homem à era digital", de Patricia Ramos Braick e Anna Barreto, publicado pela Editora Moderna, crie um plano de aula para o primeiro bimestre contemplando o primeiro, segundo e terceiro capítulos. Tenha em vista que são duas aulas de 45 minutos por semana.

Título: Plano de Aula - História - 6º Ano do Ensino Fundamental II.
Livro didático: Estudar História: das origens do homem à era digital - Patricia Ramos Braick e Anna Barreto, Editora Moderna.
Período: Primeiro Bimestre.
Duração: 2 aulas de 45 minutos por semana.
Objetivos: Introduzir os conceitos básicos de História e a importância de estudar o passado. Abordar a Pré-História, seus períodos e principais características. Discutir as primeiras civilizações e o surgimento da escrita.

Estrutura do Plano de Aula:
Semana 1:

Aula 1 - Capítulo 1: A História e seus conceitos

- Apresentação dos objetivos e expectativas do curso.
- Introdução aos conceitos básicos de História (tempo, espaço, fontes históricas, sujeitos históricos).
- Atividade em grupo: análise de diferentes fontes históricas (imagens, textos, objetos).

Aula 2 - Capítulo 1: A História e seus conceitos (continuação)

- Discussão sobre a importância de estudar História e como ela nos ajuda a compreender o presente.
- Atividade individual: redação de um texto sobre a importância da História na vida do aluno.
- Correção e comentários sobre as redações.

Semana 2:

Aula 3 - Capítulo 2: A Pré-História - Paleolítico e Neolítico

- Introdução à Pré-História e divisão em Paleolítico e Neolítico.
- Características do Paleolítico: nômades, caça e coleta, arte rupestre.
- Atividade em grupo: análise de imagens de arte rupestre e discussão sobre suas possíveis funções e significados.

Aula 4 - Capítulo 2: A Pré-História - Paleolítico e Neolítico (continuação)

- Características do Neolítico: sedentarização, agricultura, domesticação de animais, primeiros assentamentos.
- Atividade individual: pesquisa sobre a Revolução Neolítica e seus impactos na vida humana.

Semana 3:
Aula 5 - Capítulo 3: As primeiras civilizações e a escrita

- Introdução às primeiras civilizações (Mesopotâmia, Egito, Índia, China).
- Surgimento e evolução da escrita (cuneiforme, hieroglífica, ideográfica).

Nota: como é apenas para efeito didático, retirei o resto do texto, pois estava grande e detalhado.

Faça uma prova de 6 questões sobre os capítulos um e dois, sendo duas questões dissertativas:

Título: Prova de História - 6º Ano do Ensino Fundamental II.
Capítulos: 1 e 2.
Total de questões: 6.

Questão 1 (Capítulo 1):
Qual é a principal diferença entre História e Pré-História?

a) A História estuda apenas eventos políticos, enquanto a Pré-História estuda apenas eventos culturais.
b) A História aborda a vida dos seres humanos antes da invenção da escrita, enquanto a Pré-História aborda a vida após a invenção da escrita.
c) A Pré-História estuda a vida dos seres humanos antes da invenção da escrita, enquanto a História estuda a vida após a invenção da escrita.

d) A Pré-História é estudada apenas por arqueólogos, enquanto a História é estudada apenas por historiadores.

Questão 2 (Capítulo 1):
O que são fontes históricas?
a) São documentos produzidos por historiadores.
b) São os diferentes tipos de materiais e informações utilizados para estudar e compreender o passado.
c) São documentos oficiais do governo que contêm informações sobre a história do país.
d) São livros de história escritos por autores famosos.

Questão 3 (Capítulo 1 - Dissertativa):
Explique a importância das fontes históricas no estudo da História e dê exemplos de diferentes tipos de fontes que podem ser utilizadas pelos historiadores.

Questão 4 (Capítulo 2):
O que caracteriza o período Paleolítico?
a) Sedentarização, agricultura e domesticação de animais.
b) Nômades, caça e coleta, e arte rupestre.
c) A invenção da escrita e o surgimento das primeiras civilizações.
d) A construção de grandes monumentos e o desenvolvimento da metalurgia.

> **Questão 5 (Capítulo 2):**
> Qual foi a principal mudança na passagem do Paleolítico para o Neolítico?
> a) A invenção da escrita.
> b) O desenvolvimento da agricultura e a sedentarização.
> c) A criação das primeiras leis escritas.
> d) O estabelecimento de impérios e a expansão territorial.
>
> **Questão 6 (Capítulo 2 - Dissertativa):**
> Descreva as principais diferenças entre o modo de vida das pessoas no período Paleolítico e no período Neolítico, destacando as mudanças ocorridas na passagem de um período para o outro.

Não sou um profissional da educação, então não posso trabalhar o prompt (primeira instrução dada ao ChatGPT), como um professor faria. Mas por esse exemplo fica claro quanto tempo um professor pode salvar do seu dia, deixando mais tempo para a convivência humana, que é essencial na educação. Em um caso específico, já ajudei um professor a fazer uma prova adaptativa para crianças não neuronormativas, criando uma possibilidade incrível de inclusão.

Em resumo, o ChatGPT pode ser usado para apoiar a aprendizagem ao longo da vida e o desenvolvimento profissional contínuo. Ao fornecer acesso a informações e recursos relevantes, pode ajudar os indivíduos a expandir seus conhecimentos e habilidades em uma ampla variedade de áreas. Ele tem o potencial de revolucionar a educação, fornecendo apoio e recursos valiosos para estudantes e educadores e criando experiências de aprendizado mais personalizadas, envolventes e eficazes.

NA SAÚDE: APLICAÇÕES NA ÁREA MÉDICA E DE BEM-ESTAR

O uso do ChatGPT na área médica e de bem-estar tem demonstrado grande potencial para melhorar a qualidade dos cuidados de saúde e o acesso à informação médica. Algumas das aplicações notáveis do ChatGPT na saúde incluem:

- Suporte à saúde mental: o ChatGPT pode ser usado para criar chatbots terapêuticos que ajudam as pessoas a lidar com questões emocionais e de saúde mental. Esses chatbots podem fornecer uma plataforma de apoio e compreensão, permitindo que os indivíduos expressem seus sentimentos e preocupações.

Um exemplo surpreendente é o estudo realizado pela Universidade de Stanford no qual pesquisadores desenvolveram um chatbot chamado Woebot, que utiliza IA para fornecer apoio emocional e terapia cognitivo-comportamental. Os resultados mostraram que o uso do Woebot levou a uma redução significativa nos sintomas de depressão e ansiedade em comparação com um grupo de controle.

- Assistência no diagnóstico e tratamento: pode ser usado para ajudar os profissionais médicos a diagnosticar e tratar doenças com mais precisão e rapidez. Ao analisar informações do paciente e dados médicos, o ChatGPT pode fornecer *insights* valiosos que auxiliam os médicos na tomada de decisões clínicas.
- Educação e treinamento médico: pode ser aplicado na educação médica, ajudando estudantes e profissionais a aprofundar conhecimentos e habilidades. Ele pode responder a perguntas, oferecer explicações detalhadas sobre conceitos médicos e até mesmo fornecer simulações de casos clínicos para treinamento.

- Promoção do autocuidado e prevenção de doenças: pode ser usado para desenvolver aplicativos e plataformas que incentivem as pessoas a cuidar da própria saúde, fornecendo informações e recursos sobre nutrição, exercícios e hábitos saudáveis.

Ao integrar o ChatGPT à área médica e de bem-estar, podemos melhorar a qualidade dos cuidados de saúde, aumentar o acesso à informação médica e promover a prevenção de doenças. No entanto, é fundamental garantir que o uso do ChatGPT na saúde seja sempre ético e responsável e respeite a privacidade e a autonomia dos pacientes.

NO ATENDIMENTO AO CLIENTE: COMO O CHAT PODE MELHORAR A EXPERIÊNCIA DO CLIENTE

O ChatGPT também tem impacto significativo no atendimento ao cliente, possibilitando uma comunicação mais eficiente e personalizada entre empresas e consumidores. Por meio do uso de chatbots e assistentes virtuais alimentados pela IA, as empresas podem oferecer um atendimento ao cliente melhor e mais rápido, levando a uma maior satisfação e fidelidade do consumidor.

Um dos principais benefícios da IA no atendimento ao cliente é a capacidade de fornecer respostas rápidas e precisas às perguntas dos clientes. Os chatbots alimentados pela IA podem lidar com uma ampla variedade de perguntas e problemas comuns, liberando os atendentes humanos para lidar com questões mais complexas e específicas. Isso pode reduzir o tempo de espera e garantir que os clientes recebam a ajuda de que precisam de maneira rápida e eficiente.

Além disso, o ChatGPT também pode ser usado para personalizar a experiência do cliente. Ao analisar o histórico de interações e preferências de um cliente, o bot pode fornecer recomendações e soluções personalizadas que atendam às necessidades específicas de cada um. Isso pode levar a uma experiência mais agradável e satisfatória para os clientes, elevando sua fidelização à empresa no futuro.

O ChatGPT também pode ser usado para melhorar a eficiência do atendimento ao cliente, automatizando tarefas repetitivas e demoradas. Isso inclui, por exemplo, verificar o *status* de um pedido, agendar compromissos ou atualizar informações de contato. Ao automatizar essas tarefas, a IA pode ajudar a reduzir a carga de trabalho dos atendentes humanos e permitir que eles se concentrem em fornecer um atendimento ao cliente de maior qualidade.

Outro benefício da inteligência artificial no atendimento ao cliente é sua capacidade de fornecer suporte em vários idiomas e fusos horários. Com sua habilidade em lidar com ampla variedade de idiomas e compreender contextos culturais diferentes, o chatbot pode garantir que os clientes de todo o mundo recebam o atendimento de que precisam, independentemente do idioma ou da localização.

Portanto, o bot pode transformar o atendimento ao cliente, oferecendo comunicação rápida, eficiente e personalizada entre empresas e consumidores. Isso pode elevar os índices de satisfação e fidelidade, o que, por sua vez, pode gerar melhores resultados para as empresas.

A diferença que existe do chatbot feito com ChatGPT e os que já temos no mercado hoje em dia é a capacidade humana que o ChatGPT tem de responder e interagir com as pessoas.

RESUMO DOS BENEFÍCIOS DO CHATGPT E SUA IMPORTÂNCIA NA VIDA COTIDIANA

Neste capítulo, exploramos os diversos benefícios que o ChatGPT oferece às pessoas em suas vidas cotidianas. Desde aumentar a produtividade e eficiência no trabalho até promover a inclusão para pessoas com deficiência, o ChatGPT tem o potencial de melhorar nossa qualidade de vida de várias maneiras.

O ChatGPT pode auxiliar na tomada de decisões, fornecendo informações e análises relevantes que nos ajudam a fazer escolhas informadas. Ele também pode aprimorar a comunicação, melhorando a compreensão e a interação entre as pessoas, independentemente de barreiras linguísticas ou culturais.

Na educação, o ChatGPT pode ser uma ferramenta valiosa para ajudar estudantes e educadores a aprender e ensinar de maneiras mais eficientes e envolventes. Na área da saúde, pode ser aplicado em diversos contextos, desde o apoio à saúde mental até a assistência no diagnóstico e tratamento de doenças.

O ChatGPT também é capaz de impulsionar a inovação, fomentando a criatividade e novas ideias em diferentes campos. Ele permite que as empresas melhorem o atendimento ao cliente, fornecendo respostas rápidas e personalizadas, levando a uma maior satisfação e fidelidade do consumidor.

Ao longo deste capítulo, enfatizamos como o ChatGPT pode melhorar a vida cotidiana das pessoas, tornando muitos aspectos de nossas vidas mais eficientes, acessíveis e agradáveis. É importante lembrar, no entanto, que o uso responsável e ético do ChatGPT é fundamental para garantir que esses benefícios sejam alcançados de maneira sustentável e justa.

À medida que a tecnologia avança e o ChatGPT se torna cada vez mais integrado em nossas vidas, é essencial continuarmos explorando seu potencial e compreender como ele pode ser usado para melhorar nossas vidas e a sociedade como um todo.

NO MARKETING DIGITAL: OTIMIZANDO A CRIAÇÃO DE CONTEÚDOS E AUMENTANDO O ENGAJAMENTO

O marketing digital tem sido revolucionado pela inteligência artificial e, especificamente, pelo ChatGPT. As empresas estão utilizando essas tecnologias para automatizar tarefas, melhorar a eficiência e criar estratégias de marketing mais eficazes. Neste capítulo, exploraremos casos de sucesso e abordaremos como as empresas podem aproveitar o ChatGPT e a IA para aprimorar suas campanhas de marketing digital.

1. Criação de conteúdo

A IA e o ChatGPT têm sido usados para gerar automaticamente conteúdo otimizado para SEO e para as redes sociais. Um exemplo de aplicação rápida é usar o ChatGPT para criar postagens de blog, tweets e atualizações no Facebook. Ao analisar o histórico de conteúdo e o desempenho de postagens anteriores, o ChatGPT tem a capacidade de sugerir e escrever tópicos extremamente performáticos com base no histórico da conta.

O modo mais fácil de fazer isso é usar ferramentas que já estejam conectadas a alguma AI. A exemplo da predis.ai (https://app.predis.ai/). Nela, com um simples comando você cria vários posts como no exemplo abaixo.

Digamos que eu tenha um salão especializado em cabelos ruivos. O nome é Red Hair. Entro na ferramenta, informo o idioma de entrada de texto – ou seja, o que eu estou digitando, o idioma em que desejo que ele faça os posts –, faço upload do meu blog e posso até dizer qual a minha paleta de cores caso eu tenha.

Feito isso, é esperar cerca de trinta segundos e você verá a mágica acontecer. Veja os posts que ele criou.

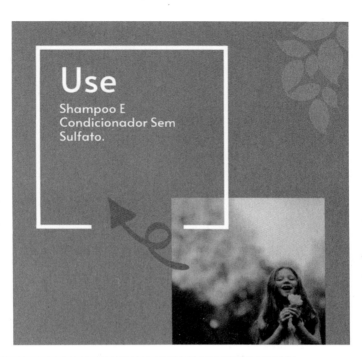

Helbert Costa

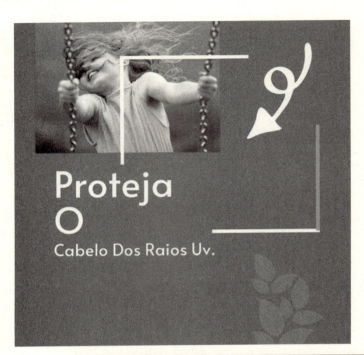

Os posts acima não são os melhores que poderiam ser feitos, mas quero lembrar que dei apenas um comando e em trinta segundos recebi o material pronto para usá-los como estão ou fazer pequenas alterações na própria ferramenta.

Outra opção de uso é para cortes de vídeo. Os cortes de vídeos são a sensação de plataforma de *short videos* como o TikTok. Existem dezenas de ferramentas on-line que podem analisar um vídeo longo e fazer os cortes nos momentos mais virais, preparando esse corte para postagem, podendo até já colocar a legenda. Isso mesmo, você pode pegar uma palestra, um vídeo, um podcast e fazer o upload e aguardar os melhores cortes para postar. Uma dessas ferramentas é a Vidyo.ia.

2. *Análise de sentimento e comportamento do cliente*

O ChatGPT também é capaz de analisar e interpretar o sentimento e o comportamento do cliente com base em dados e interações nas redes sociais ou do seu CRM. Você pode usar o ChatGPT para analisar os comentários de clientes em sua rede social e identificar problemas comuns e áreas de melhoria. Ou criar uma estratégia de post baseada em uma análise profissional feita pelo chat. Para isso, basta você criar uma planilha e colocar na primeira coluna o texto dos posts, na segundo a descrição da foto ou vídeo, e na terceira o engajamento conforme as suas métricas. Peça a análise do ChatGPT, e os dados com certeza vão te surpreender.

3. Otimização de anúncios

O ChatGPT e a IA também podem ser usados para otimizar anúncios e melhorar a eficácia das campanhas publicitárias. Você pode utilizar a IA para analisar o desempenho de seus anúncios no Google Ads e no Facebook Ads. Com base nessa análise, o ChatGPT sugere ajustes nas palavras-chave, no público-alvo e no design dos anúncios, levando a um aumento considerável na taxa de cliques e uma redução no custo por aquisição.

CAPÍTULO 3

A ÉTICA DO CHATGPT: QUAIS SÃO AS PREOCUPAÇÕES ÉTICAS EM TORNO DO USO DO CHATGPT? COMO ELE PODE SER USADO DE MANEIRA RESPONSÁVEL E ÉTICA?

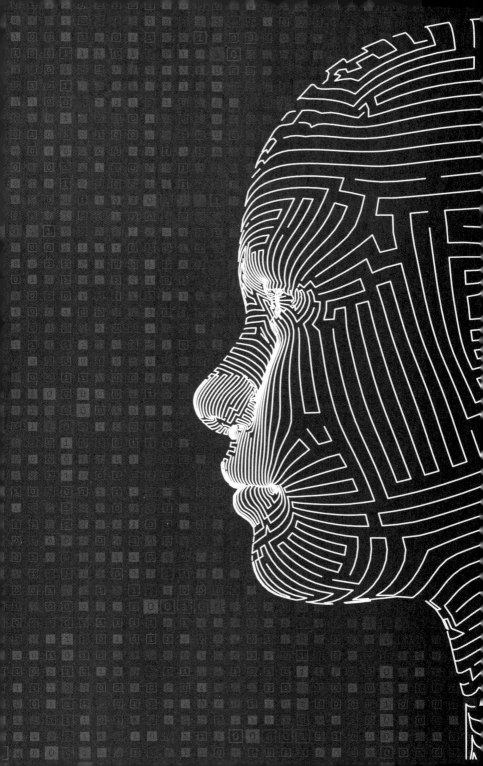

A ASCENSÃO DAS INTELIGÊNCIAS ARTIFICIAIS E O JOGO ASSUSTADOR DO AUTODESENVOLVIMENTO

Uma das características mais impressionantes e, por vezes, assustadoras da inteligência artificial é sua capacidade de aprender e melhorar de forma quase autônoma. Isso mesmo que você leu. Algumas delas vão melhorando praticamente sozinhas.

Um exemplo notável dessa propriedade é o método de treinamento utilizando pelas IAs que criam imagens, as Generative Adversarial Networks (GANs). Nesse modelo de treinamento, colocamos duas IAs, uma contra a outra. Como um jogo de gato e rato. Uma é o gerador, e a outra, o discriminador – elas competem entre si em uma espécie de duelo que resulta em um aperfeiçoamento mútuo, levando a resultados incríveis e, por vezes, imprevisíveis.

Imagine duas IAs, uma criando imagens falsas enquanto a outra as avalia. A IA criadora busca incessantemente aprimorar suas habilidades para enganar, enquanto a IA avaliadora se torna cada vez melhor em distinguir as verdadeiras das falsas. Em um primeiro momento, as duas IAs são treinadas, manualmente, com imagens e descrições, estabelecendo um ponto de partida para sua competição.

No entanto, à medida que a disputa progride, elas entram em um ciclo de aprendizado quase autônomo. Com cada iteração, o gerador se esforça para criar imagens cada vez mais realistas e enganar o discriminador, enquanto este último aperfeiçoa suas habilidades para identificar as criações falsas. Esse ciclo contínuo de aperfeiçoamento leva a um avanço notável, com ambas as IAs evoluindo em velocidade surpreendente.

É nesse ponto que a história se torna assustadora. A evolução das IAs ocorre de forma tão rápida que se torna difícil prever o quão longe elas podem chegar e quão rapidamente isso pode acontecer. À medida que as IAs competem entre si, o limite entre o real e o artificial se torna cada vez mais tênue, levantando questões sobre o futuro da tecnologia e seu impacto na sociedade.

Essa corrida por evolução e autodesenvolvimento ilustra a revolução tecnológica em curso, com a inteligência artificial desafiando os limites do que é possível. O potencial das IAs é imenso, mas, ao mesmo tempo, esse avanço incontrolável e acelerado pode gerar preocupações quanto às implicações éticas, de segurança, privacidade e veracidade das informações.

Para um exemplo simples, basta ver a repercussão de uma foto em que o Papa Francisco aparece vestindo uma jaqueta *puffer*. O que não passava de um teste de um usuário com o MidJorney, ferramenta para criação de imagem por AI, foi noticiado em vários portais como sendo um novo estilo de roupa do pontífice. Alguns, como a Vogue, ainda noticiaram que ele tinha sido vestido pelo estilista Filippo Sorcinelli.

O LADO SOMBRIO DA IA DE IMAGEM, VÍDEO E VOZ (*DEEPFAKE*) - FRAUDES E PERIGOS

As *deepfakes* estão ganhando terreno no cenário global, e seu impacto é cada vez mais preocupante. Uma das situações mais alarmantes envolveu a guerra na Ucrânia: um vídeo manipulado mostrava o presidente Volodymyr Zelensky aparentemente pedindo aos ucranianos para se renderem à Rússia. A voz distorcida e a imagem quase imóvel do presidente denunciavam a farsa, mas o estrago já estava feito: a desinformação estava solta e ganhando força.

Em outro caso chocante, prefeitos europeus de Berlim, Viena, Budapeste, Varsóvia e Madrid se reuniram online com uma *deepfake* do prefeito de Kiev, Vitali Klitschko. As suspeitas começaram quando o suposto Klitschko fez pedidos incomuns, como o repatriamento de refugiados ucranianos para integrá-los à luta contra as tropas russas.

Após investigações, foi descoberto que várias dessas reuniões haviam sido orquestradas por *deepfakes* e que os convites para as chamadas de vídeo vieram de endereços oficiais das prefeituras envolvidas. O incidente deixou claro que ninguém estava seguro, nem mesmo as autoridades de alto escalão.

Mais alguns dos exemplos marcantes de *deepfakes* usadas com má-fé:

- O CEO de uma empresa de energia com sede no Reino Unido pensou que estava falando ao telefone com seu chefe, o executivo-chefe da controladora alemã da empresa, que lhe pediu para enviar 220 mil euros a um fornecedor húngaro. A pessoa que ligou disse que o pedido era urgente, instruindo o executivo a pagar em uma hora, de acordo com a seguradora da empresa, Euler Hermes Group SA. Segundo o executivo do Reino Unido, ele reconheceu a voz do CEO, e até o seu leve sotaque alemão estavam perfeitos.
- Política na Bélgica: em 2018, um vídeo falso do primeiro-ministro belga, Charles Michel, foi compartilhado nas redes sociais. No vídeo ele parecia estar apoiando um plano para construir uma usina nuclear na Bélgica, o que causou polêmica e confusão entre os cidadãos e políticos do país.
- Falsificação de vídeo na Índia: em 2019, um vídeo *deepfake* de um político indiano chamado

Manoj Tiwari foi criado e compartilhado durante as eleições na Índia. O vídeo mostrava Tiwari falando em uma língua regional que ele não fala fluentemente, com o objetivo de atrair eleitores.
- Tentativa de golpe na Malásia: em 2020, um vídeo *deepfake* foi usado na tentativa de desacreditar o então ministro da Defesa da Malásia, Mohamad Sabu. No vídeo falso, Sabu aparecia como se estivesse traindo a esposa, o que levou a uma investigação policial e à posterior prisão do criador da *deepfake*.

A rápida evolução das inteligências artificiais permitiu o desenvolvimento de *deepfakes* cada vez mais realistas e convincentes, tornando a distinção entre o real e o falso cada vez mais difícil. Essa realidade assustadora nos obriga a questionar a autenticidade das informações e as consequências dessa tecnologia no futuro.

O caso é tão sério que em 2020 o Centro Nacional de Contrainteligência e Segurança dos EUA emitiu um alerta sobre o uso de *deepfakes* e IA como uma ameaça à segurança nacional. O alerta foi motivado, em parte, pela disseminação de *deepfakes* nas redes sociais e pelos casos de espionagem e desinformação atribuídos a autores estrangeiros.

Para resumir este capítulo, o uso da IA para fins criminosos não é novo, mas o que o torna tão assustador, nos últimos dois anos, é que qualquer pessoa com conhecimento moderado de tecnologia e com uso de computadores pessoais já é capaz de fazer *deepfakes* que passam despercebidas aos olhos da maioria da população. Existem dezenas de vídeos no YouTube explicando como se faz – basta pesquisar "como fazer *deepfake*". Por motivos óbvios, não vou abordar esse tutorial no livro. Mas para você fazer imagens maravilhosas e únicas online, utilize o https://playgroundai.com/, ou o MidJorney, boa alternativa para quem já está acostumado com o Discord.

PERDA DE EMPREGOS: COMO A IA E O CHATGPT AFETAM O MERCADO DE TRABALHO E COMO VOCÊ PODE SE ADAPTAR A ESSAS MUDANÇAS

À medida que a inteligência artificial (IA) e tecnologias como o ChatGPT se tornam mais sofisticadas, a preocupação com a perda de empregos aumenta. É inevitável que a automação e os avanços tecnológicos causem mudanças no mercado de trabalho, mas a questão é como a sociedade pode se adaptar a elas.

A automação já causou impacto em várias indústrias, como a manufatura, na qual a produção em larga escala de bens foi transformada pela introdução de robôs e sistemas automatizados.

Erik Brynjolfsson e Andrew McAfee, no livro *A segunda era das máquinas*, argumentam que a automação e a IA estão não apenas substituindo trabalhadores em empregos de baixa qualificação, mas também afetando profissões de alta qualificação. O ChatGPT, por exemplo, pode realizar tarefas que antes eram exclusivas de escritores, jornalistas, tradutores e outros profissionais do conhecimento.

Embora seja fácil presumir que a IA e o ChatGPT levarão a uma perda significativa de empregos, é importante reconhecer que essas tecnologias também criam novas oportunidades de emprego e possibilitam o surgimento de novas indústrias. De acordo com o relatório *The Future of Jobs*, do Fórum Econômico Mundial, embora 85 milhões de empregos possam ser deslocados até 2025 pela automação, 97 milhões de novos empregos podem ser criados. O que, em um primeiro momento, parece uma notícia boa fica assustador quando lembramos que esses trabalhos que vão surgir precisam de perfis diferentes dos que foram extintos. Ou seja: você escolhe se em três a cinco anos vai estar brigando pelas poucas vagas que existiam com mesmo perfil das de hoje ou se vai estar em um mercado deficitário em profissionais preparados, com vagas abundantes. É uma loucura quando pensamos que teremos milhões de desempregados em um mesmo mundo, que terá milhões de vagas em aberto sem pessoas para preenchê-las, isso porque o cenário é um só:

- Fecha uma vaga de caixa, abre uma vaga para operador de software de automação de *checkout* em lojas e supermercados.
- Fecha uma vaga de recepcionista, abre uma vaga de especialista em chatbots e atendimento virtual com conhecimento avançado em prompts.
- Fecha uma vaga de motorista de caminhão ou entregador, abre uma vaga de especialista em sistemas de navegação e controle de frota para gerenciar veículos autônomos.
- Fecha uma vaga de faxineiro(a), abre uma vaga de engenheiro com conhecimento em visão

computacional e engenharia mecânica para construir robôs de limpeza e manutenção.

- Fecha uma vaga de assistente administrativo, abre uma vaga de especialista em automação de processos administrativos ou gerente de projeto de implantação de *software* de gestão empresarial.
- Fecha uma vaga de analista financeiro, abre uma vaga de especialista em modelagem financeira e previsão de dados para dar suporte às decisões empresariais.
- Fecha uma vaga de analista de recursos humanos, abre uma vaga de especialista em análise de dados de RH para identificar tendências e desenvolver estratégias de recrutamento e retenção de talentos.
- Fecha uma vaga de contador, abre uma vaga de especialista em contabilidade digital, responsável por analisar e monitorar dados financeiros em tempo real.
- Fecha uma vaga de analista de marketing, abre uma vaga de especialista em análise de dados e automação de marketing para melhor segmentar o público-alvo e otimizar campanhas publicitárias.

Vamos nos aprofundar no *case* de um profissional que muitos julgam, erroneamente, que não vai sofrer impacto: o médico.

A inteligência artificial tem mostrado avanços impressionantes na área médica, especialmente na avaliação de diagnósticos. Com a capacidade de analisar e interpretar grandes volumes de dados e imagens médicas com rapidez e precisão, a IA tem o potencial de revolucionar a forma como os profissionais de saúde lidam com o diagnóstico e o tratamento de doenças.

Um exemplo disso é um estudo realizado na China no qual a IA chamada BioMind superou médicos especialistas em análise e diagnóstico de exames médicos, além de ser mais rápida no processo. Em outro exemplo, pesquisadores do Google Health desenvolveram um mecanismo que identificou mais casos de câncer de mama do que médicos especializados. Uma equipe do Instituto de Tecnologia de Massachusetts (MIT) criou um mecanismo capaz de prever câncer de mama até cinco anos antes do desenvolvimento da doença, sem o histórico médico do paciente. Esses avanços podem levar a uma mudança significativa na abordagem dos diagnósticos médicos. Segundo a equipe do Google Health, o impacto pode representar a redução de até 88% da carga de trabalho dos profissionais que avaliam mamografias. Não precisamos nos esforçar muito para imaginar um cenário em que a quantidade de médicos necessária para avaliar esses exames diminua.

O outro lado da moeda é que a IA pode ser vista como uma ferramenta que complementa e auxilia os profissionais de saúde na tomada de decisões e no tratamento de pacientes. Um método possível é que a primeira análise seja realizada por um médico e a segunda pela IA. Se os resultados forem diferentes, outro profissional da saúde avaliará os exames de imagem. Dessa forma, a IA pode ajudar a otimizar o trabalho dos médicos, aumentando a precisão dos diagnósticos e permitindo que eles se concentrem em outras áreas importantes, como tratamento e cuidado do paciente.

Tendo em vista os exemplos já mencionados e o case médico, você deve ter reparado que as vagas que abrirão não são completamente novas. Ou seja, estamos falando de adaptação dos conhecimentos atuais. Os conhecimentos que fizeram você conseguir uma vaga na qual trabalha hoje, em um a dois anos, serão completamente desnecessários, e você terá de absorver novos em uma velocidade incrível.

Para se adaptar a essas mudanças, você precisa investir tempo em educação e treinamento, garantindo que desenvolva habilidades relevantes para o futuro do trabalho. A requalificação e o aprendizado ao longo da vida são fundamentais para ajudar os trabalhadores a navegar nesse cenário em constante mudança.

Você deve se preparar para trabalhar em conjunto com tecnologias como o ChatGPT, em vez de ser substituído por ela.

É comum o discurso das empresas dizendo que não substituirão pessoas por robôs, pois acham isso errado. Você não deveria acreditar nisso. Milhares de pessoas serão substituídas, e as empresas que falam que não vão substituir já fizeram e fazem isso o tempo todo; a busca incessante pela produtividade máxima é a realidade em 100% das empresas. Toda empresa minimamente competitiva já utiliza processos automatizados e sistemas para aumentar a produtividade dos funcionários, e, se ela tiver um profissional que, usando a tecnologia de IA, produzirá por dez outros empregados, ela vai demitir os outros nove – para não ficar para trás no mercado. E digamos que, pela alta demanda por seus produtos, a empresa decida não demitir; então, ela não precisará abrir vagas para outros nove. Pois, é importante lembrar, um produz por dez quando usa a inteligência artificial a seu favor.

Em conclusão, o impacto da IA e do ChatGPT no mercado de trabalho é um tema complexo, e o caminho a seguir requer uma abordagem multifacetada, que envolva conhecimento sobre como pilotar uma IA e capacidades não substituíveis, como senso crítico.

A adaptação à IA e à automação é tarefa complexa e desafiadora, mas, com conhecimento adequado, a sociedade pode enfrentar essas mudanças e garantir um futuro mais estável e próspero para todos.

PRIVACIDADE EM JOGO: ENTENDENDO OS DESAFIOS DA PRIVACIDADE E COMO PROTEGER SEUS DADOS AO USAR O CHATGPT E SUAS VARIANTES

A privacidade é um direito humano fundamental, conforme estabelecido na Declaração Universal dos Direitos Humanos e em várias leis nacionais e internacionais. No entanto, com a rápida evolução das tecnologias de IA, como o ChatGPT e suas variantes, é natural que surjam dúvidas sobre como garantir a proteção adequada dos seus dados pessoais.

Recentemente, várias ferramentas baseadas no ChatGPT surgiram no mercado, mas é importante lembrar que muitas delas, ao contrário da OpenAI, não oferecem garantia de privacidade de dados. Ao utilizar essas ferramentas para se conectar ao ChatGPT, você pode estar completamente exposto, já que, embora a OpenAI não guarde seus dados, essas ferramentas podem armazenar suas informações antes de passá-las para a OpenAI. Portanto, é fundamental estar atento ao modo como suas informações são utilizadas e protegidas.

Ao utilizar o ChatGPT e suas variantes, você compartilha com a plataforma informações, algumas das quais podem ser pessoais ou confidenciais. Para preservar sua privacidade, é essencial que as empresas criem e apliquem políticas e práticas sólidas de privacidade e segurança de dados. Mas, além disso, é fundamental que você esteja atento ao modo como suas informações são utilizadas e protegidas.

Uma maneira de garantir a privacidade é aplicar o princípio da minimização de dados, coletando e armazenando somente as informações estritamente necessárias para o funcionamento do ChatGPT e suas variantes. Além disso, a criptografia pode ser usada para proteger seus dados enquanto eles são transmitidos e armazenados, garantindo que apenas partes autorizadas tenham acesso a eles.

Outra medida importante é buscar transparência na coleta e no uso de seus dados. As empresas devem deixar claro quais dados estão sendo coletados, como estão sendo utilizados e com quem estão sendo compartilhados. Além disso, você deve ter a capacidade de acessar, corrigir e excluir seus dados, conforme necessário.

Leis e regulamentações de proteção de dados, como o Regulamento Geral de Proteção de Dados da União Europeia (GDPR), desempenham papel crucial na proteção da privacidade. Essas leis estabelecem diretrizes e obrigações rigorosas para as empresas que processam dados pessoais e fornecem a você direitos e controle sobre suas informações.

Estar em conformidade com essas leis e regulamentações é fundamental para garantir que o ChatGPT e suas variantes sejam usados de maneira ética e responsável. A aplicação rigorosa dessas regras ajudará a construir confiança entre os usuários e garantir que a tecnologia seja usada de forma benéfica para todos.

Você também tem um papel importante a desempenhar na proteção de suas informações pessoais. Deve estar ciente dos riscos potenciais à privacidade ao usar o ChatGPT, suas variantes e outras tecnologias de IA. Informe-se sobre as práticas de privacidade e segurança de dados das empresas que fornecem esses serviços e tome precauções, como usar senhas fortes e autenticação de dois fatores, sempre que possível.

Além disso, seja criterioso ao compartilhar informações ao interagir com o ChatGPT e suas variantes. Evitar o compartilhamento de informações pessoais e confidenciais ajudará a proteger sua privacidade e reduzir o risco de violações de dados.

A educação digital é outra ferramenta essencial para ajudá-lo a proteger sua privacidade. Escolas, organizações não governamentais e governos podem desempenhar um papel importante na promoção da conscientização e do entendimento sobre privacidade e segurança de dados, capacitando-o a navegar com segurança no mundo digital.

No livro *The Age of Surveillance Capitalism*, de Shoshana Zuboff, a autora aborda a importância da privacidade como um direito humano e trata também dos desafios apresentados pelas tecnologias emergentes, como a IA. A obra destaca a necessidade de uma abordagem coletiva para enfrentar os problemas de privacidade e garantir que os direitos fundamentais de cada indivíduo sejam protegidos na era digital.

Portanto, para se adaptar a essa era de inteligência artificial e proteger sua privacidade, é fundamental que você invista em sua própria capacitação e educação digital. Aprenda sobre as melhores práticas de segurança online e familiarize-se com as políticas de privacidade das plataformas que você utiliza, especialmente aquelas que usam o ChatGPT e suas variantes. Dessa forma, estará mais preparado para enfrentar os desafios que a tecnologia traz.

Lembre-se, você é o principal responsável por proteger suas informações pessoais. Com uma abordagem proativa e consciente, você pode garantir que sua privacidade seja preservada enquanto aproveita os benefícios oferecidos pelas tecnologias de inteligência artificial, como o ChatGPT e suas variantes

MANIPULAÇÃO E DESINFORMAÇÃO: ENFRENTANDO O POTENCIAL USO INADEQUADO DO CHATGPT NA CRIAÇÃO DE NOTÍCIAS FALSAS E DESINFORMAÇÃO E COMO VOCÊ PODE COMBATER ESSES PROBLEMAS UTILIZANDO FERRAMENTAS DE IA

A manipulação e a desinformação são problemas sérios na era digital. A habilidade do ChatGPT em gerar textos coerentes e persuasivos aumenta a preocupação com o possível uso inadequado dessa tecnologia para criar notícias falsas e espalhar informações erradas. Isso foi exemplificado recentemente na agência de notícias CNET, na qual uma notícia escrita por inteligência artificial continha informações imprecisas inclusive sobre os lucros de um investimento. Como resultado, segundo a própria CNET, vários artigos precisaram ser corrigidos, inclusive alguns que exigiram "correções substanciais", após terem utilizado uma ferramenta baseada em inteligência artificial para escrever dezenas de histórias e artigos.

A OpenAI, desenvolvedora do ChatGPT, lançou uma ferramenta capaz de identificar se um texto foi produzido por inteligência artificial. A ferramenta está disponível em https://platform.openai.com/ai-text-classifier. Durante os testes, ela identificou corretamente textos produzidos por IA em 26% dos casos, chamados de verdadeiros-positivos. No entanto, a ferramenta indica que o texto é "provavelmente produzido por IA" e não afirma com certeza que foi gerado por inteligência artificial.

A OpenAI recomenda que essa ferramenta de identificação seja usada como um complemento a outros métodos de classificação de textos. A empresa reconhece que a funcionalidade ainda precisa evoluir e não é totalmente confiável. Mesmo assim, a OpenAI disponibilizou a ferramenta para receber *feedbacks* e aprimorar a tecnologia de detecção de texto.

Sabemos que 26% de acurácia é pouco, mas lembre que, conforme vimos na seção "A ascensão das inteligências artificiais e o jogo surpreendente do autodesenvolvimento", temos, neste exato momento, uma guerra entre duas IAs. Uma tentando escrever textos humanos e outra tentando identificar se o autor do texto é um humano ou uma máquina. E, quando essa guerra acontece, a evolução é extraordinariamente rápida. Então, quando você estiver lendo este livro, com certeza a precisão já será maior que 26%.

Como indivíduo responsável, é fundamental encontrar maneiras de identificar e combater a disseminação de desinformação e garantir o uso responsável dessa tecnologia. Utilizando ferramentas como a fornecida pela OpenAI, você pode começar a identificar textos que possam ter sido gerados por IA e tomar precauções ao compartilhar informações.

Além disso, promover a educação em mídia e alfabetização digital para você mesmo e as pessoas ao seu redor é fundamental. Ao aprender a identificar notícias falsas e informações erradas, você estará mais bem preparado para discernir a veracidade das informações encontradas online.

A responsabilidade de combater a manipulação e a desinformação recai não apenas sobre os desenvolvedores de tecnologia, plataformas e governos, mas também sobre você. Cada pessoa tem um papel a desempenhar na promoção da verdade e no combate às notícias falsas. Isso pode ser feito adotando práticas como verificar a veracidade das informações antes de compartilhá-las, questionar fontes desconhecidas e estar atento aos sinais de desinformação.

Ao trabalhar em conjunto com outros indivíduos, desenvolvedores de tecnologia, plataformas de mídia social e governos, podemos ajudar a criar um ambiente digital mais seguro e confiável, em que a desinformação e a manipulação sejam combatidas de forma eficaz. Com a conscientização e o engajamento, você pode fazer a diferença na luta contra a desinformação e proteger a integridade do espaço digital.

RESPONSABILIDADE E TOMADA DE DECISÃO: INVESTIGANDO QUESTÕES DE RESPONSABILIDADE E TOMADA DE DECISÃO NA ERA DA IA, INCLUINDO O CHATGPT

À medida que a IA e os chatbots, como o ChatGPT, tornam-se cada vez mais integrados em nossas vidas cotidianas, questões de responsabilidade e tomada de decisão passam a ser ainda mais relevantes. Em muitos casos, a IA está sendo usada para tomar decisões que afetam diretamente as vidas das pessoas, desde a seleção de candidatos a empregos até o diagnóstico de doenças. Como resultado, é fundamental examinar quem deve ser responsável pelas decisões tomadas pelos sistemas de IA e como garantir que essas decisões sejam tomadas de maneira justa e responsável.

Um dos principais desafios nessa área é determinar quem deve ser responsabilizado pelas ações e decisões de um sistema de IA, como o ChatGPT. Seria responsabilidade dos desenvolvedores que criaram o algoritmo? Seria dos usuários que implementaram o sistema em suas operações? Ou seria da própria IA, assumindo que ela atingiu um nível de autonomia e autoconsciência suficiente?

A questão da responsabilidade é ainda mais complicada pelo fato de que a IA, como o ChatGPT, muitas vezes opera de maneira opaca e complexa, tornando difícil rastrear como uma decisão específica foi tomada. Além disso, a IA é frequentemente projetada para aprender e evoluir com o tempo, o que significa que seu comportamento pode mudar e se adaptar de maneiras que nem mesmo seus desenvolvedores podem prever.

No livro *Moral Machines: Teaching Robots Right From Wrong* (*Máquinas morais: ensinando robôs o certo do errado*), Wendell Wallach e Colin Allen exploram algumas das questões éticas e filosóficas que surgem quando se tenta atribuir responsabilidade a sistemas de IA e robôs. Eles argumentam que, em última análise, a responsabilidade deve ser compartilhada entre os desenvolvedores, os usuários e a própria IA, mas também enfatizam a importância de criar mecanismos e estruturas para garantir a responsabilidade em todos os níveis.

Para abordar essas questões de responsabilidade, é importante estabelecer diretrizes e regulamentações claras que governem o uso de IA e chatbots, como o ChatGPT. Isso pode incluir a criação de padrões e práticas recomendadas para desenvolvimento e implantação responsáveis de sistemas de IA, bem como a implementação de normas que estabeleçam responsabilidades legais e éticas para os desenvolvedores e usuários dessas tecnologias.

Além disso, é crucial garantir que os sistemas de IA, como o ChatGPT, sejam projetados e desenvolvidos com a tomada de decisões ética e responsável em mente. Isso pode envolver a incorporação de princípios e valores éticos no próprio processo de desenvolvimento de IA, bem como a realização de avaliações de impacto ético para identificar e mitigar riscos potenciais associados ao uso dessas tecnologias.

Outro aspecto crítico é garantir que os sistemas de IA sejam transparentes e explicáveis. Isso significa que os usuários e outras partes interessadas devem ser capazes de entender como a IA chegou a uma decisão específica e quais fatores influenciaram essa decisão. A transparência e a explicabilidade são essenciais para garantir que as decisões tomadas pelos sistemas de IA sejam justas, responsáveis e livres de vieses indesejados.

Uma maneira de promover a transparência e a explicabilidade na IA é por meio do desenvolvimento de técnicas de "IA explicável" (XAI). A XAI é uma área de pesquisa que visa criar métodos e ferramentas para tornar os sistemas de IA mais compreensíveis para os seres humanos, facilitando a compreensão de como uma decisão específica foi tomada e quais fatores influenciaram essa decisão. A XAI pode ser particularmente útil para sistemas de IA complexos e opacos, como o ChatGPT, que podem ser difíceis de entender e interpretar sem o auxílio de tais técnicas.

Além da transparência e da explicabilidade, é importante garantir que os sistemas de IA sejam submetidos a processos rigorosos de auditoria e monitoramento para garantir que estejam operando de maneira justa e responsável. Isso pode incluir a realização de auditorias regulares e independentes do desempenho e comportamento do sistema, bem como a implementação de sistemas de monitoramento contínuo para detectar e corrigir quaisquer problemas ou vieses que possam surgir ao longo do tempo.

Podemos concluir então que o debate da responsabilidade e tomada de decisão na era da IA é complexo e multifacetado, envolvendo ampla gama de questões éticas, legais e técnicas. No entanto, abordar essas questões é crucial para garantir que a IA, incluindo o ChatGPT, seja usada de maneira justa e responsável, e que seus benefícios sejam compartilhados de maneira equitativa por toda a sociedade.

DEPENDÊNCIA EXCESSIVA DE TECNOLOGIA: ANALISANDO OS RISCOS DE DEPENDER DEMAIS DA IA E DO CHATGPT E ENCONTRANDO O EQUILÍBRIO SAUDÁVEL

À medida que a IA e o ChatGPT se tornam cada vez mais integrados em nossas vidas cotidianas, há um risco crescente de que nos tornemos excessivamente dependentes dessas tecnologias. A dependência excessiva de tecnologia pode levar a uma série de problemas, desde a perda de habilidades humanas essenciais até a criação de vulnerabilidades sistêmicas que podem ser exploradas por adversários mal-intencionados.

Um dos principais riscos da dependência excessiva de tecnologia é que ela pode levar à atrofia das habilidades humanas fundamentais. Por exemplo, se nos acostumamos a depender da IA para tomar todas as nossas decisões, podemos perder a capacidade de pensar criticamente e resolver problemas de forma independente. Além disso, a dependência excessiva da IA pode levar a uma diminuição da empatia e da compreensão interpessoal, à medida que as pessoas se tornem menos acostumadas a interagir e se comunicar diretamente umas com as outras.

Outro risco da dependência excessiva de tecnologia é que ela pode criar fragilidades sistêmicas que podem ser usadas com má-fé. Por exemplo, se uma sociedade se torna excessivamente dependente de sistemas de IA como o ChatGPT para realizar funções críticas, um ataque bem-sucedido a esses sistemas poderia ter consequências desastrosas. Além disso, a dependência excessiva de IA pode resultar em uma concentração de poder nas mãos de poucas empresas e indivíduos, levantando preocupações sobre a equidade e a distribuição de benefícios.

Para evitar a dependência excessiva de tecnologia e garantir que as habilidades humanas continuem a ser valorizadas e desenvolvidas, é importante encontrar um equilíbrio saudável entre o uso de IA e o cultivo de habilidades humanas. Uma abordagem promissora para alcançar esse equilíbrio é adotar uma mentalidade de "IA aumentada" em vez de uma mentalidade de "IA substituta". A IA aumentada concentra-se em usar a IA para aprimorar e ampliar as habilidades humanas, em vez de simplesmente substituir os humanos por máquinas.

Isso pode envolver a criação de sistemas de IA, como o ChatGPT, que são projetados para trabalhar em conjunto com seres humanos, apoiando-os em suas tarefas e ajudando-os a tomar decisões melhores e mais informadas. Essa abordagem pode ajudar a garantir que os seres humanos continuem a desempenhar um papel central em nossas vidas cotidianas e profissionais, mesmo conforme nos beneficiamos das capacidades avançadas que a IA pode oferecer.

Outra estratégia importante para evitar a dependência excessiva de tecnologia é investir no desenvolvimento de habilidades humanas em áreas em que a IA ainda não é capaz de substituir completamente os seres humanos. Isso pode incluir habilidades como pensamento crítico, resolução de problemas, criatividade e empatia, que são essenciais para o sucesso em muitos aspectos da vida e do trabalho. Ao cultivar essas habilidades, podemos garantir que continuaremos a ter um papel valioso e relevante em um mundo cada vez mais dominado pela IA.

A educação e a formação contínua desempenham papel fundamental na promoção de um equilíbrio saudável entre o uso de tecnologia e habilidades humanas.

Ao garantir que as pessoas recebam educação e treinamento adequados nas habilidades necessárias para prosperar em um mundo cada vez mais dominado pela IA, podemos ajudar a minimizar os riscos associados à dependência excessiva de tecnologia.

Isso pode envolver a integração de habilidades digitais e de IA no currículo escolar desde tenra idade, garantindo que os alunos estejam preparados para interagir de forma eficaz com as tecnologias emergentes e entender seu impacto na sociedade. Também é importante oferecer oportunidades de aprendizado ao longo da vida para adultos, permitindo que as pessoas continuem a desenvolver suas habilidades e se adaptem às mudanças no mercado de trabalho e na sociedade como um todo.

Além disso, é crucial fomentar a consciência pública sobre os riscos e benefícios da IA e da tecnologia em geral. Isso pode ser feito por meio de campanhas de conscientização, programas educacionais e discussões públicas sobre o impacto da tecnologia em nossas vidas. Ao manter um diálogo aberto e informado sobre essas questões, podemos garantir que a sociedade como um todo esteja mais bem preparada para tomar decisões sábias sobre o uso da IA e outras tecnologias.

As políticas públicas também têm papel importante a desempenhar na promoção de um equilíbrio saudável entre o uso de tecnologia e habilidades humanas. Isso pode incluir a implementação de regulamentações e incentivos para garantir que as empresas desenvolvam e usem a IA de maneira responsável e ética. Além disso, os governos podem investir em pesquisa e desenvolvimento de IA que se concentre em abordagens de IA aumentada e em soluções que beneficiem a sociedade como um todo, em vez de apenas um pequeno grupo de indivíduos ou empresas.

No nível individual, é importante que cada pessoa reflita sobre seu próprio uso da tecnologia e considere maneiras de manter um equilíbrio saudável em sua vida. Isso pode incluir a limitação do tempo gasto usando dispositivos eletrônicos, a busca de atividades e hobbies que não envolvam tecnologia e a prática de habilidades interpessoais e de comunicação face a face.

Em conclusão, a dependência excessiva de tecnologias como a IA e o ChatGPT apresenta riscos significativos para a sociedade, incluindo a perda de habilidades humanas essenciais e a criação de vulnerabilidades sistêmicas. No entanto, ao adotar uma abordagem equilibrada que valoriza tanto a IA quanto as habilidades humanas e promove a educação, a conscientização e políticas públicas adequadas, podemos garantir que os benefícios da IA sejam aproveitados enquanto minimizamos seus riscos e os desafios a ela associados.

Com o fim deste capítulo, esperamos que os leitores tenham uma compreensão mais aprofundada das preocupações éticas em torno do uso do ChatGPT e outras tecnologias de IA. Ao considerar questões como perda de empregos, violação de privacidade, manipulação e desinformação, vieses e discriminação, responsabilidade e tomada de decisão e dependência excessiva de tecnologia, podemos abordar os desafios que a IA apresenta e garantir que ela seja usada de maneira responsável e ética para melhorar nossas vidas e sociedade como um todo.

CAPÍTULO 4

REVOLUCIONANDO A SI MESMO: COMO USAR O CHATGPT DA MELHOR MANEIRA

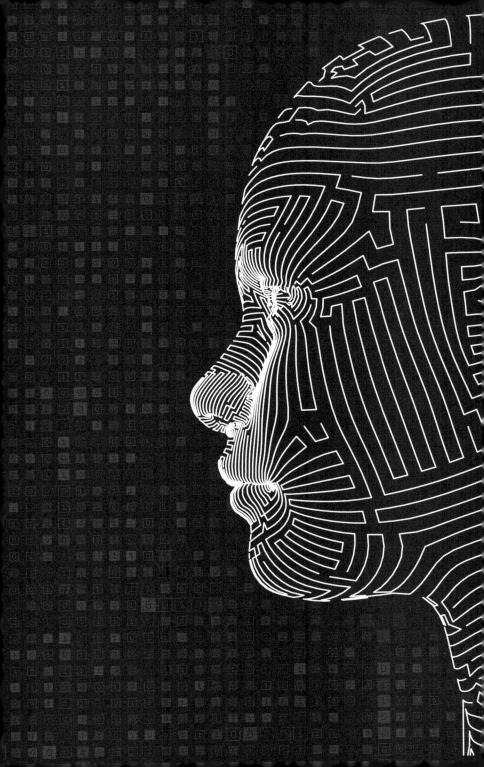

PRIMEIROS PASSOS: ENTENDENDO A INTERFACE E COMO COMEÇAR A USAR O CHATGPT

No livro *Outliers*, Malcolm Gladwell explora a ideia de que o sucesso é fortemente influenciado pelo contexto e pelas oportunidades que se apresentam às pessoas. Da mesma forma, o ChatGPT é uma ferramenta poderosa que oferece oportunidades incríveis para aqueles que sabem usá-lo. Nesta seção, explicaremos como começar a usar o ChatGPT, guiando-o pela interface e pelos primeiros passos para aproveitar essa tecnologia revolucionária.

A interface do ChatGPT é projetada para ser simples e intuitiva, mesmo para aqueles que não têm conhecimento prévio em tecnologia. Ao acessar o site do ChatGPT, https://chat.openai.com/, você encontrará uma caixa de diálogo em que poderá digitar suas perguntas ou comandos. Na maioria das vezes, a resposta do ChatGPT será gerada em poucos segundos, permitindo uma comunicação quase em tempo real com a inteligência artificial.

Antes de começar a usar o ChatGPT, é importante criar uma conta. Isso permitirá que você acesse recursos adicionais e salve seu histórico de conversas. Além disso, algumas funcionalidades avançadas podem exigir a aquisição de tokens, que são usados para pagar pelos serviços da plataforma. A criação de uma conta é geralmente simples e requer apenas um endereço de e-mail e uma senha.

Depois de criar sua conta e fazer login, é hora de começar a explorar o ChatGPT. Como primeiro passo, você pode experimentar fazendo perguntas simples, como "Qual é a capital da França?" ou "Como está o tempo hoje?". Isso servirá para ajudá-lo a se familiarizar com a interface e a ver como a IA responde às suas perguntas.

À medida que você se sentir mais confortável com o básico, é importante começar a explorar os recursos mais avançados do ChatGPT. Por exemplo, você pode usar comandos específicos para solicitar informações mais detalhadas ou personalizadas. Um exemplo seria pedir ao ChatGPT para "escrever um resumo de três parágrafos sobre a história da inteligência artificial". Isso demonstra como o ChatGPT pode ser usado para tarefas mais complexas e especializadas.

Nessa fase inicial, também é útil aprender sobre as configurações disponíveis no ChatGPT: seleção de idiomas, ajuste de temperatura (que controla a criatividade das respostas) e definição de *tokens* máximos por resposta. Compreender e ajustar essas configurações permitirá que você tenha uma experiência mais personalizada e eficiente com o ChatGPT.

Quanto mais você usar o ChatGPT, mais confortável e habilidoso estará para aproveitar todo o seu potencial.

COMUNICANDO-SE EFETIVAMENTE COM O CHATGPT: DICAS E TRUQUES PARA OBTER RESPOSTAS PRECISAS E RELEVANTES

Embora o ChatGPT seja uma ferramenta poderosa, é importante lembrar que ele é uma inteligência artificial, e sua eficácia depende da qualidade das perguntas e dos comandos que são feitos. Nesta seção, discutiremos como comunicar-se de maneira efetiva com o ChatGPT, fornecendo dicas e truques para obter respostas precisas e relevantes.

O primeiro passo para obter uma resposta precisa do ChatGPT é fazer uma pergunta clara e bem formulada. Em *Rápido e devagar*, Daniel Kahneman argumenta que a clareza da pergunta é um fator crítico na obtenção de uma resposta útil. Isso se aplica ao ChatGPT, no qual perguntas vagas ou mal formuladas podem levar a respostas irrelevantes ou confusas.

Além disso, é importante ser específico ao fazer perguntas. Quanto mais detalhes você fornecer ao ChatGPT, maiores serão as chances de obter uma resposta precisa. Por exemplo, se quiser informações sobre determinado país, é útil fornecer detalhes como a localização geográfica, a língua falada e a história do lugar. Isso ajudará o ChatGPT a entender melhor sua pergunta e fornecer uma resposta mais precisa.

Outra dica importante é fazer perguntas diretas e objetivas. Em vez de fazer uma pergunta ampla, como "Qual é a história da ciência?", faça uma mais específica, como "Quais os 15 principais marcos da história da ciência?". Isso ajudará o ChatGPT a entender exatamente o que você está procurando e a fornecer uma resposta mais relevante e útil. Depois pegue cada um dos quinze itens e peça mais informações sobre algum específico.

Além disso, é útil estar ciente das limitações do ChatGPT. Embora seja capaz de responder a muitas perguntas, ainda há áreas em que a tecnologia não é tão avançada. Por exemplo, o ChatGPT pode não ser capaz de fornecer informações precisas sobre questões altamente especializadas ou complexas. Nesses casos, pode ser necessário buscar informações adicionais ou aconselhamento de especialistas.

Outra dica importante é aproveitar os recursos adicionais oferecidos pelo ChatGPT. Por exemplo, ele pode ser capaz de fornecer links para sites relevantes ou artigos relacionados à sua pergunta. Além disso, ele tem recursos de tradução que permitem que você faça perguntas em diferentes idiomas ou obtenha respostas em outros idiomas.

Ao seguir essas dicas e truques, você poderá se comunicar de maneira mais efetiva com o ChatGPT, obtendo respostas mais precisas e relevantes e aproveitando todo o seu potencial. A prática e o aprimoramento contínuo da sua habilidade em fazer perguntas são fundamentais para obter os melhores resultados.

Uma última observação é que o ChatGPT é uma tecnologia em constante evolução, e seus desenvolvedores continuam aprimorando sua capacidade de fornecer respostas precisas e relevantes. Isso significa que é importante manter-se informado das atualizações e melhorias da plataforma para garantir que você esteja aproveitando ao máximo suas capacidades.

PERSONALIZANDO O CHATGPT: COMO ADAPTÁ–LO ÀS SUAS NECESSIDADES E PREFERÊNCIAS

O ChatGPT é uma plataforma altamente personalizável, permitindo que os usuários adaptem a tecnologia às suas necessidades e preferências específicas. Nesta seção, discutiremos algumas maneiras de personalizar o ChatGPT para atender às suas necessidades individuais.

Uma das maneiras mais simples de personalizá-lo é adaptar sua linguagem. O ChatGPT pode ser programado para falar diferentes idiomas e dialetos, permitindo que usuários de diversas partes do mundo usem a plataforma. Além disso, ele pode ser programado para entender e responder a gírias e expressões regionais, tornando a comunicação mais natural e intuitiva.

Outra maneira de personalizar o ChatGPT é definir preferências pessoais. Por exemplo, ele pode ser programado para lembrar as preferências de um usuário em relação a música, filmes ou hobbies e fornecer recomendações com base nesses interesses. Além disso, o ChatGPT pode ser programado para lembrar o histórico de conversas e aprendizado anterior, personalizando ainda mais a experiência do usuário.

O ChatGPT também pode ser personalizado para atender às necessidades de usuários com deficiências ou limitações físicas. Por exemplo, pode ser programado para se comunicar por meio de linguagem de sinais, permitindo que usuários surdos ou com deficiência auditiva usem a plataforma. Além disso, pode ser programado para se comunicar por meio de voz, permitindo que usuários com deficiência visual façam uso dele.

Por fim, o ChatGPT pode ser personalizado para atender às necessidades de usuários de diferentes idades e habilidades. Por exemplo, pode ser programado para fornecer explicações simples e claras para crianças ou para ajudar pessoas com habilidades linguísticas limitadas a se comunicar de forma mais eficaz.

Essas são apenas algumas maneiras de personalizar o ChatGPT para atender às suas necessidades e preferências individuais. A tecnologia altamente personalizável da plataforma permite que ela seja adaptada a uma ampla variedade de usuários e contextos, tornando-a uma ferramenta ainda mais poderosa e versátil.

Para fazer qualquer uma das programações aqui sugeridas, escreva um texto sobre você e suas preferências. A partir desse momento, tudo o que você conversar com o ChatGPT naquele chat em específico vai levar em conta o que você forneceu de dados para ele.

USO AVANÇADO DE PROMPTS DE COMANDO: EXPLORANDO MODELOS BEM ELABORADOS E DANDO EXEMPLOS

Por ser tão humanizado, às vezes a gente esquece que o ChatGPT é um programa de computador que utiliza inteligência artificial para gerar respostas a perguntas. Quando você faz uma pergunta para o ChatGPT, ele analisa a sua pergunta e tenta encontrar a melhor resposta possível.

No entanto, assim como as pessoas, o ChatGPT também tem um limite de atenção e capacidade de processamento. Para que o ChatGPT possa gerar boas respostas, ele precisa se concentrar em uma quantidade limitada de palavras e caracteres.

Por exemplo, imagine que você recebeu uma pergunta de um amigo, mas essa pergunta veio em um áudio de três minutos do WhatsApp. É possível que você comece a se distrair ou perca o foco enquanto ouve a pergunta. É o mesmo com o ChatGPT – se ele receber uma pergunta muito longa ou com muitas informações, pode ser difícil para ele processar tudo e gerar uma resposta precisa.

Por isso, é importante que as perguntas sejam concisas e objetivas, para que o ChatGPT possa se concentrar na informação mais relevante e gerar a melhor resposta possível. Assim, ele impõe uma limitação de tamanho do texto, que é representada não por caracteres mas por tokens. Em média, um token pode representar de 4 a 6 caracteres, o que normalmente corresponde a uma única palavra, mas é importante lembrar que isso pode variar dependendo do contexto e amplitude do tema em discussão com o chat. Existem limites diferentes para cada plano, que variam de 1.024 tokens por chamada para o plano gratuito até 4.096 tokens por chamada para o plano mais avançado.

Para ajudar a garantir essa objetividade e melhor uso desses tokens, você deve usar os prompts de comando, que são uma das características mais poderosas do ChatGPT, permitindo que os usuários controlem a conversa de forma mais precisa e direta. Nesta seção, discutiremos como eles funcionam e podem ser usados de maneira eficaz.

Os prompts de comando são instruções especiais que o usuário pode inserir na conversa para controlar o fluxo da comunicação. Por exemplo, um prompt de comando pode ser usado para especificar um tópico específico a ser discutido ou para obter informações adicionais sobre determinado assunto. Eles podem ser inseridos de forma natural e intuitiva na conversa, permitindo que o usuário a guie de forma mais eficaz.

Prompts nada mais são do que a estrutura de como elaborar uma pergunta. Se você elaborar uma pergunta de forma genérica, a resposta será genérica. Se for objetivo, a resposta será objetiva.

Um prompt perfeito deve ter cinco itens: persona, público, atividade, limitações e metas.

1. Persona: a persona refere-se à identidade ou ao estilo a ser adotado pelo ChatGPT durante a escrita. Ao definir uma persona, você está instruindo o modelo a seguir determinado tom de voz, estilo de escrita ou características específicas.

Exemplos de personas podem incluir autores famosos, especialistas em determinado assunto ou até mesmo figuras fictícias. Você sempre deve começar um prompt com isso.

2. Público: diferentes públicos requerem comunicações completamente diferentes sobre o mesmo contexto. Então, é importante definir o público que irá ler o texto que está sendo feito.

3. Atividades: são as ações ou tarefas específicas que você deseja que o ChatGPT execute. Isso pode incluir responder a perguntas, criar histórias, elaborar roteiros, redigir e-mails e assim por diante.

4. Limitações: são restrições específicas que você deseja impor à resposta do ChatGPT. Isso pode incluir ou excluir certos tópicos, estabelecer um limite de palavras ou evitar informações sensíveis.

Metas: as metas orientam o ChatGPT sobre o objetivo principal da resposta. Ao estabelecer metas claras, ajuda-se o modelo a entender o que você espera alcançar com a resposta gerada.

5. Sugiro que você use pelo menos três desses itens no seu prompt. Quanto mais itens você usar, melhor será a resposta que terá.

Vamos ver alguns exemplos. Em vez de simplesmente escrever "Faça um texto sobre atividade físicas", escreva: "Seja um psicólogo (persona), falando com crianças de 10 anos (público). Escreva um artigo sobre a importância da atividade física para a saúde mental (atividade), focando em exercícios que não exijam equipamentos ou academia (limitações) e destacando os benefícios psicológicos e emocionais para ajudar a motivar os leitores a se exercitarem regularmente (metas)".

Repare que usei os cinco itens, deixando claro o que espero dele.

Veja alguns outros exemplos de prompts perfeitos com os cinco itens:

❚❚ Adote a persona de um chef de cozinha renomado (persona), escrevendo para iniciantes na culinária (público). Desenvolva uma receita simples e deliciosa de salada de legumes (atividade) usando apenas ingredientes fáceis de encontrar e evitando alergênicos comuns, como nozes e laticínios (limitações). O objetivo é incentivar os leitores a experimentarem cozinhar em casa e a apreciarem a importância de uma alimentação saudável (metas)."

❚❚ Torne-se um historiador especializado em arte (persona) e escreva para estudantes do ensino médio (público) uma análise sobre o impacto do Renascimento na arte e na sociedade (atividade). Concentre-se em três artistas principais e suas obras mais importantes, evitando detalhes muito técnicos ou informações excessivamente específicas (limitações). O objetivo é fornecer uma visão geral interessante e envolvente do período, incentivando os leitores a explorarem e apreciarem a arte renascentista (metas)."

Agora prompts bons e rápidos que não abrangem todos os itens:

❚❚ Assuma a persona de um instrutor de yoga (persona) e escreva um guia básico sobre como começar a praticar yoga em casa (atividade). O objetivo é ajudar os leitores a aliviar o estresse e melhorar a flexibilidade por meio de posturas simples e eficazes (metas)."

❚❚ Dirija-se a um público de empreendedores iniciantes (público) e crie um artigo (atividade) sobre como construir e manter uma marca de sucesso no mercado atual. A meta é fornecer dicas práticas para criar uma imagem consistente e atrativa para o público-alvo (metas)."

❚❚ Para estudantes universitários (público), elabore um guia passo a passo sobre como organizar o tempo de estudo de maneira eficiente (atividade), evitando recomendar aplicativos pagos ou métodos que exijam investimento financeiro (limitações)."

❚❚ Assuma a persona de um cientista ambiental (persona) e escreva para um público geral (público) um artigo sobre a importância da conservação da água (atividade). A meta é conscientizar os leitores sobre os problemas da escassez de água e encorajá-los a adotar práticas sustentáveis no dia a dia (metas)."

▐▌ Escreva para pessoas interessadas em jardinagem (público) um guia sobre como cultivar ervas aromáticas em casa (atividade), utilizando apenas métodos orgânicos e evitando o uso de pesticidas químicos (limitações). O objetivo é incentivar os leitores a desenvolverem um jardim sustentável e a apreciarem os benefícios de cultivar suas próprias ervas (metas)."

▐▌ Como um especialista em carreira (persona), escreva um artigo para recém-formados (público) sobre como se preparar para entrevistas de emprego (atividade), sem sugerir a compra de roupas caras ou materiais específicos (limitações). A meta é proporcionar aos leitores dicas úteis e eficazes para causar uma boa impressão e aumentar suas chances de serem contratados (metas)."

Dominar os comandos prompt é a chave para usar o ChatGPT com eficiência. Com essa habilidade, os usuários podem assumir o controle da conversa de forma direta e efetiva. Se você quiser aprimorar suas habilidades nessa área, há um site incrível que você pode acessar gratuitamente: https://www.promptstacks.com/. Mantido pela comunidade apaixonada por essa tecnologia, ele oferece centenas de modelos que você pode explorar. Apesar de estar em inglês, não se preocupe, se estiver navegando pelo Chrome, você pode clicar com o botão direito do mouse e solicitar a tradução. Comece agora a sua jornada para se tornar um mestre dos prompts!

LIMITAÇÕES DO CHATGPT: RECONHECENDO-AS E APRENDENDO A LIDAR COM SITUAÇÕES EM QUE ELE PODE NÃO SER A SOLUÇÃO IDEAL

Embora o ChatGPT seja uma ferramenta poderosa e versátil, é importante reconhecer que tem algumas limitações. Nesta seção, discutiremos algumas delas e a maneira como lidar com situações em que o ChatGPT pode não ser a solução ideal.

Uma das principais limitações do ChatGPT é sua falta de compreensão contextual. O ChatGPT é uma ferramenta baseada em linguagem natural, o que significa que não tem compreensão profunda do contexto em que a conversa está ocorrendo. Isso pode levar a respostas imprecisas ou irrelevantes em certas situações.

Outra limitação é sua falta de capacidade de raciocínio lógico. Embora o ChatGPT possa ser programado para seguir um conjunto de regras específicas, não é capaz de fazer inferências ou deduções lógicas como um ser humano. Isso pode limitar sua capacidade de resolver problemas complexos ou lidar com situações não previstas.

Além disso, o ChatGPT pode ser afetado por vieses e preconceitos. Como ele é treinado com base em dados históricos, pode ser afetado por nuances enviesadas presentes nos dados de treinamento. Isso pode levar a respostas discriminatórias ou prejudiciais em certas situações.

Por fim, o ChatGPT tem limitações em sua capacidade de compreender e responder a emoções humanas. Embora possa ser programado para reconhecer certas emoções, não é capaz de entender a complexidade e sutileza das emoções humanas. Isso pode limitar sua capacidade de responder adequadamente a situações emocionais ou de lidar com problemas relacionados à saúde mental.

Para lidar com essas limitações, é importante reconhecer quando o ChatGPT pode não ser a solução ideal e buscar outras formas de resolução de problemas. Isso pode incluir a busca de ajuda de especialistas em situações complexas, o uso de ferramentas de suporte ao cliente em contextos de negócios ou a combinação de tecnologias de IA para abordar problemas específicos.

Portanto, embora o ChatGPT seja uma ferramenta poderosa e versátil, é importante reconhecer suas limitações e buscar outras formas de resolução de problemas em situações em que ele pode não ser a solução ideal.

CAPÍTULO 5

USANDO A TECNOLOGIA DE INTELIGÊNCIA ARTIFICIAL DE FORMA PROFISSIONAL: INTRODUÇÃO À CRIAÇÃO DE CHATBOTS COM GPT-4

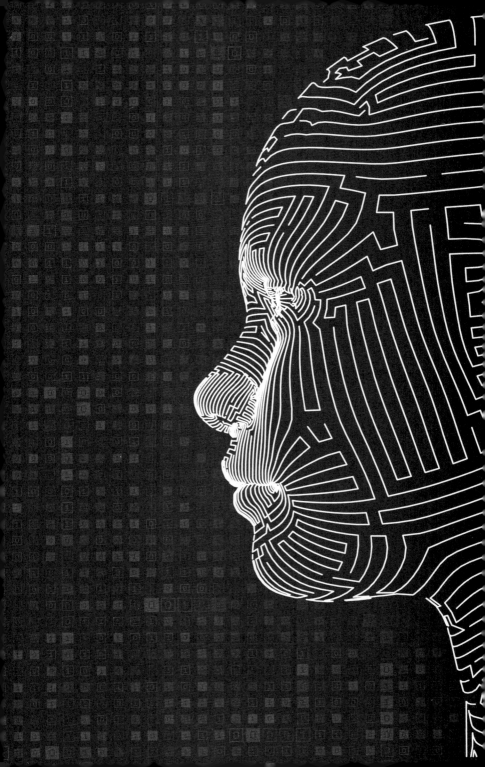

Este capítulo é um pouco mais técnico que os outros. Caso você não queira se aprofundar tecnicamente, pule-o e vá para o próximo, no qual aprenderá a fazer um bot sem necessariamente passar pela fase de treinamento de dados.

ENTENDENDO O GPT-4: VISÃO GERAL DE SEU FUNCIONAMENTO E SEUS RECURSOS

Se todos utilizarem o ChatGPT para fazer perguntas e obter respostas, em pouco tempo chegaremos ao "vale da mesmice". Nesse cenário, as respostas e informações compartilhadas seriam semelhantes e indistinguíveis, uma vez que todos estariam utilizando a mesma fonte de conhecimento e inteligência artificial. Consequentemente, as características individuais de cada pessoa seriam ofuscadas, tornando difícil identificar a singularidade de cada uma.

Para evitar essa uniformização, é crucial personalizar o ChatGPT, treinando-o de acordo com o modelo de pensamento e conteúdo de cada indivíduo. Ao fazer isso, você criará um assistente pessoal que compreende verdadeiramente suas características distintas e se comporta de acordo com suas preferências e estilo. Dessa forma, o assistente será uma extensão única de sua personalidade, evitando o risco de cair no vale da mesmice.

Nesse ponto entra a necessidade de criar o seu próprio chatbot. Essa criação seria extremamente trabalhosa em 2022; já hoje, com o uso das APIs da OpenAI, o trabalho é bem simples, e é isso que vamos ver nos próximos capítulos.

ENTENDENDO A ARQUITETURA DO GPT-4

Como já dito anteriormente, o GPT-4 é baseado na arquitetura Transformer, introduzida em 2017 por Vaswani et al. no artigo *Attention Is All You Need*. A arquitetura Transformer utiliza mecanismos de atenção para processar sequências de dados em paralelo, em vez de processá-las sequencialmente, como fazem as redes neurais recorrentes (RNNs). Isso permite que o GPT-4 alcance um desempenho muito melhor em tarefas de processamento de linguagem natural (PLN).

Até aqui, comentamos que vivemos em um mundo fascinante onde as máquinas aprenderam a falar conosco, como se fossem pessoas. Isso é algo inédito e impressionante, não é mesmo? Mas como essa incrível invenção funciona? E por que ela é capaz de criar textos que parecem ter sido escritos por seres humanos? Vou desvendar o mistério por trás dessa tecnologia e explicar por que ela funciona tão bem. Acompanhe comigo, pois não vou me aprofundar em detalhes técnicos, mas sim focar no panorama geral, de forma acessível para todos.

O segredo do ChatGPT é que ele tenta prever a "continuação mais provável" de um texto, baseado em bilhões de páginas da internet e de livros digitalizados. Pense no exemplo: "Eu gosto de comer". O ChatGPT vasculha vastas quantidades de textos escritos por humanos para encontrar as palavras mais prováveis a seguir.

- eu gosto de comer pizza - probabilidade: 0,15.
- eu gosto de comer sushi - probabilidade: 0,12.
- eu gosto de comer massa - probabilidade: 0,1.
- eu gosto de comer chocolate - probabilidade: 0,08.
- eu gosto de comer carne - probabilidade: 0,07.
- eu gosto de comer salada - probabilidade: 0,06.

- eu gosto de comer frutas - probabilidade: 0,05.
- eu gosto de comer sanduíche - probabilidade: 0,04.*

Agora entra uma parte muito interessante: se o ChatGPT escolhesse sempre a palavra mais provável, o texto ficaria monótono e sem criatividade, e a resposta seria sempre a mesma. Entretanto, se ele escolher, ocasionalmente, palavras com menor probabilidade, o resultado será um texto mais interessante e cativante.

Essa aleatoriedade faz com que, mesmo com o mesmo estímulo inicial, o ChatGPT possa gerar diferentes textos. E aqui está o toque de mágica: um parâmetro chamado "temperatura" determina a frequência com que palavras menos prováveis são selecionadas. O valor de 0,8 para temperatura parece funcionar bem na prática, mas é importante ressaltar que não há nenhuma teoria

---

* O próprio ChatGPT me respondeu essas probabilidades. Se você quiser testar, basta perguntar: "Tendo em vista que você prevê a probabilidade da próxima palavra de uma frase com base nas palavras anteriores, então me diga as oito palavras com maiores probabilidades após a seguinte frase: 'Eu gosto de comer'. Informe-me a probabilidade de cada uma...". Provavelmente a sua resposta terá probabilidades ligeiramente diferentes da minha, pois dependerá de quantas palavras usará como base na hora de responder.

por trás disso, é apenas algo que funciona. Guarde esse conceito, pois vamos usar mais para a frente na construção do nosso bot.

O funcionamento do GPT-4 pode ser dividido em duas etapas principais: pré-treinamento e ajuste fino (*fine tune*). Durante o pré-treinamento, o GPT-4 é alimentado com grandes quantidades de texto provenientes de várias fontes, como artigos, livros e sites.

Uma vez que o modelo tenha sido pré-treinado, ele pode ser ajustado para tarefas específicas, como responder perguntas, traduzir idiomas ou gerar texto criativo. Esse ajuste fino é feito usando um conjunto de dados rotulados e específicos para a tarefa em questão. O modelo aprende a realizar a tarefa ajustando seus parâmetros internos para minimizar o erro entre suas previsões e os rótulos fornecidos. O ajuste fino pode ser visto como uma forma de treinamento supervisionado. Ou seja, é como você vai mostrar os seus dados pessoais para o ChatGPT via API.

TREINANDO O MODELO GPT COM OS SEUS DADOS

Etapa 1: Preparação dos dados de treinamento

A primeira coisa que você precisa fazer ao planejar o seu chatbot é planejar o seu conteúdo. Separe todos os documentos que você vai usar. Agora você precisa transformá-los em perguntas e respostas, como no exemplo abaixo. Faça isso usando o Excel ou Google Sheets. Sua planilha vai ficar mais ou menos assim:

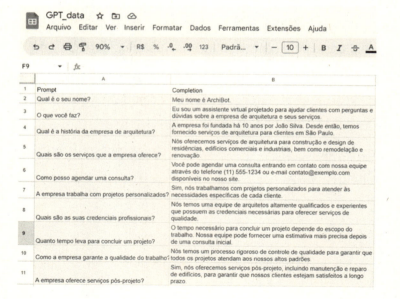

Feito isso, você precisa transformar esse documento em Json, que é um formato aceito pela OpenAI para treinamento de dados. Para fazer isso, exporte o documento que você criou para um .xlsx e faça upload neste site: https://tableconvert.com/excel-to-jsonlines; ele vai ajudá-lo a transformar a planilha em um documento Json. Na plataforma, faça o upload do arquivo, vá no menu "Table Generator" e selecione "JSONLines".

A configuração vai ficar assim:

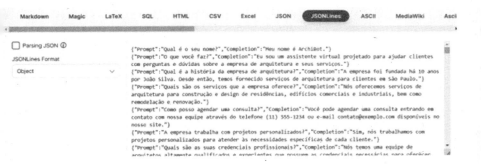

Faça download do arquivo e você terá um arquivo JSONL com os seus dados de treinamento. É importante que você tire a quebra de linha do seu texto para evitar erro na hora de fazer upload do documento. Cada prompt e seus respectivos *completion* devem ocupar apenas uma linha.

Etapa 2: Fazendo upload para realizar o treinamento dos dados

Entre no Postman e crie a sua conta (https://web.postman.co/).

Em seguida, crie um novo espaço de trabalho e uma nova solicitação HTTP.

ENVIANDO OS DADOS

Escolha "POST" no menu suspenso e insira o seguinte endpoint: https://api.openai.com/v1/files.

Vá no menu Authorization e coloque a sua chave OpenAI.

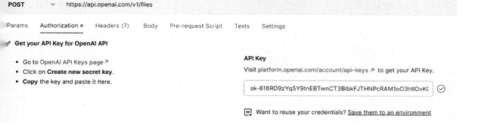

A minha chave nesse caso é sk-616RD9zYq5Y9tnE-BTwnCT3BlbkFJTHNPcRAM1oO3hIIOvKGB. Nunca divulgue essa chave. No meu caso, estou colocando aqui, mas a chave será apagada após a publicação do livro.

Agora vá para a seção Body.

Selecione "form-data" e insira duas chaves: a primeira, "purpose", com o valor "fine-tune"; a segunda, "file", com o arquivo JSONL gerado.

Ou seja, aqui você está falando que quer enviar esse arquivo para a OpenAI com a ideia de fazer um treinamento do tipo *fine tune*.

Clique em Send e anote o ID do arquivo de treinamento retornado.

```
Body   Cookies   Headers (15)   Test Results

Pretty   Raw   Preview   Visualize   JSON

2       "object": "file",
3       "id": "file-ycTF7c9X0YSQXuEojM9OimvH",
4       "purpose": "fine-tune",
5       "filename": "dados_ArqBot.jsonl",
6       "bytes": 69,
7       "created_at": 1682196072,
8       "status": "uploaded",
```

Se parecer para você uma mensagem como essa, quer dizer que você conseguiu subir o arquivo para a OpenAI. Agora falta você treinar esse modelo. Copie o ID – no meu caso é: file-ycTF7c9X0YSQXuEojM9OimvH.

AJUSTANDO O MODELO

Para ajustar nosso modelo, enviaremos o ID do arquivo que recebemos no passo anterior e vamos especificar o modo de treinamento que usaremos:

Crie uma nova solicitação POST com o seguinte endpoint:

https://api.openai.com/v1/fine-tunes.

Vá em Body/Raw e selecione JSON.

No campo texto, digite:

{ "training_file" : "COLE O SEU ID AQUI", "model" : "davinci" }

Sua tela ficará desta forma:

Clique em Send. Vai voltar para você um código parecido com este:

```
"validation_files": [],
"result_files": [],
"created_at": 1682196618,
"updated_at": 1682196618,
"status": "pending",
"fine_tuned_model": null,
"events": [
    {
        "object": "fine-tune-event",
        "level": "info",
        "message": "Created fine-tune: ft-rJ3P4tSJDY15Kbi3Pmyl4ECP",
        "created_at": 1682196618
```

O *status* vai ficar como Pending; dependendo da quantidade de dados que você tiver, vai demorar horas para treinar o modelo.

USANDO O CHAT COM OS DADOS TREINADOS

Pronto. Agora que já treinou o GPT com os seus dados, você pode entrar no Playground da OpenIA (https://platform.openai.com/playground) e escolher o seu modelo.

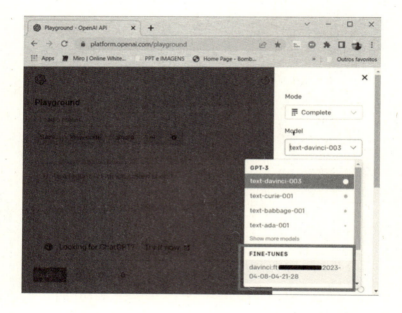

Ele vai aparecer no menu "Model", no grupo de "Fine-Tunes" logo abaixo dos modelos padrões da OpenAI. Vale destacar que esse modelo que você criou não poderá ser usado no ChatGPT. Para usá-lo, você terá três opções:

1. Usá-lo no Playground no modelo Chat. Aliás, eu acho o Playground até melhor que o ChatGPT. Lá você terá todas as funções do ChatGPT e algumas que ainda estão em teste.
2. Desenvolve um Back-end próprio para consumir essa modelo que você criou. Isso requer habilidades técnicas e conhecimento em desenvolvimento de sistema.
3. Usar algumas das centenas de plataforma que permitem conectar o seu modelo ao Front-end deles.

CUIDADOS AO CRIAR SEU BOT E COMO EVITAR VIÉS DISCRIMINATÓRIO

A questão dos vieses e da discriminação é um aspecto crítico da ética do ChatGPT e da IA em geral. Como o ChatGPT é treinado em grandes conjuntos de dados de texto, ele pode aprender e perpetuar os vieses presentes nesses dados. Esses vieses podem se manifestar nas respostas geradas pelo modelo, levando a discriminação ou tratamento injusto de certos grupos ou indivíduos.

O livro *Weapons of Math Destruction*, de Cathy O'Neil, discute os perigos dos algoritmos discriminatórios e os impactos negativos que eles podem ter na sociedade. O'Neil argumenta que é fundamental abordar os vieses e a discriminação no desenvolvimento e na implementação de tecnologias de IA, como o ChatGPT, para garantir que os benefícios dessas tecnologias sejam compartilhados equitativamente.

Ao criar seu próprio bot usando o *fine-tuning* da OpenAI, você precisa estar ciente desses vieses e trabalhar para reduzi-los em seu próprio projeto. Aqui estão algumas dicas para ajudá-lo a garantir que seu bot seja justo e imparcial:

1. Curadoria cuidadosa dos dados de treinamento: garanta a representatividade e a diversidade nos dados usados para treinar seu bot. Isso pode incluir a coleta de dados de várias fontes e diferentes grupos de pessoas.
2. Avaliação contínua e monitoramento: identifique e mitigue vieses, monitorando regularmente o desempenho do seu bot. Isso pode incluir o uso de métricas de avaliação de justiça e a implementação de auditorias de IA para garantir que seu bot esteja funcionando de maneira ética e responsável.

3. Abordagem multidisciplinar e colaborativa: trabalhe com profissionais de diferentes áreas e com diferentes perspectivas para identificar e corrigir vieses. A diversidade de opiniões pode ajudar a garantir que seu bot seja mais justo e imparcial.
4. Transparência: seja transparente sobre os dados usados para treinar seu bot e como ele funciona. Isso permite que outras pessoas avaliem e entendam os possíveis vieses presentes em seu projeto e ajuda a torná-lo responsável, por garantir que sua tecnologia seja justa e neutra.
5. Educação e conscientização: aprenda sobre ética de IA e promova a conscientização sobre vieses e discriminação em IA. Isso pode incluir a participação em cursos e treinamentos sobre ética da IA, bem como a promoção de uma cultura de responsabilidade e consciência ética.
6. Implementação de técnicas avançadas de aprendizado de máquina: pesquise e aplique aquelas mais avançadas e responsáveis, como aprendizado de máquina justo e explicável, para garantir que seu bot produza resultados mais

justos e possa ser facilmente compreendido pelos seres humanos.

Lembre-se de que abordar os vieses no seu bot e em outras tecnologias de IA não é uma tarefa simples. O processo de treinamento de modelos, como o GPT-4, envolve a análise de vastas quantidades de dados, e muitas vezes é difícil identificar exatamente quais informações estão contribuindo para os vieses presentes no modelo.

O trabalho de Timnit Gebru, uma renomada pesquisadora de ética em IA, destaca os desafios associados à identificação e à correção de vieses. No artigo *Gender Shades: Intersectional Accuracy Disparities in Commercial Gender Classification* (*Matizes de gênero: disparidades de precisão interseccional na classificação comercial de gênero*), Gebru observa que os vieses podem surgir não apenas das informações explícitas presentes nos dados de treinamento, mas também das suposições implícitas que os desenvolvedores fazem ao criar e ajustar os modelos.

Para enfrentar os vieses e a discriminação no seu bot e em outras tecnologias de IA, é fundamental adotar uma abordagem proativa e adaptável. Monitorar continuamente o desempenho do seu bot e implementar melhorias e ajustes conforme necessário é uma parte importante desse processo.

Além disso, envolver-se com a comunidade e compartilhar suas experiências e aprendizados também pode ser valioso. A colaboração com outros desenvolvedores e pesquisadores pode ajudar a identificar novas abordagens e soluções para abordar vieses e discriminação.

Em última análise, garantir que seu bot seja justo e imparcial exigirá um esforço conjunto entre você, outros desenvolvedores, pesquisadores e a sociedade como um todo. Ao trabalhar juntos e priorizar a justiça e a imparcialidade no desenvolvimento e uso da IA, podemos ajudar a garantir que a tecnologia seja uma força positiva para a sociedade, beneficiando a todos, independentemente de suas origens ou características pessoais.

É importante notar, assim, que ao criar seu próprio bot usando o *fine-tuning* da OpenAI, é essencial estar ciente dos vieses e discriminação e tomar medidas para mitigá-los em seu projeto. Por meio de uma abordagem cuidadosa e responsável, você pode garantir que seu bot seja mais justo e imparcial, proporcionando uma experiência de usuário positiva e inclusiva.

CAPÍTULO 6

MUITO ALÉM DO CHATGPT: FERRAMENTAS QUE FAZEM USO DE IA E QUE VOCÊ DEVE COLOCAR NO DIA A DIA O QUANTO ANTES

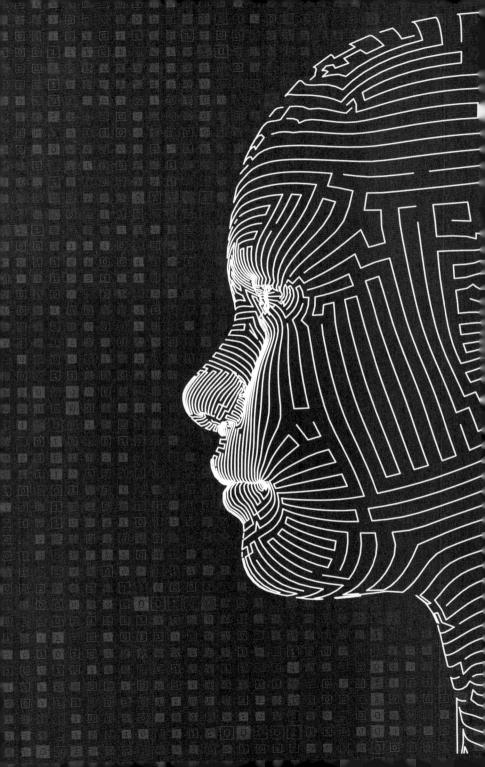

Neste capítulo, exploraremos algumas das ferramentas de IA mais inovadoras e eficientes disponíveis para usuários finais, sem a necessidade de conhecimento técnico para usá-las. Ao compreender e utilizar adequadamente essas tecnologias, podemos otimizar processos, reduzir custos e aumentar a comodidade em diversas áreas, desde o atendimento ao cliente até a tomada de decisões estratégicas.

O uso da ferramenta correta de inteligência artificial pode trazer inúmeros benefícios para o dia a dia das pessoas. A automação proporcionada pela IA permite a redução de erros e custos operacionais, além de otimizar o atendimento ao público e oferecer maior escalabilidade. Além disso, a IA auxilia na tomada de decisões, ajudando as organizações a se adaptarem às variações do mercado e às mudanças na legislação. Com a escolha adequada da tecnologia, é possível alcançar resultados surpreendentes e melhorar a qualidade de vida de todos os envolvidos.

No momento em que eu escrevia este livro, o site theresanaiforthat.com listava mais de 4 mil ferramentas que usavam AI para automatizar 1.144 tarefas e maior parte delas é de graça. Ou seja, automatizar atividades e ganhar mais produtividade está ao alcance de todos.

Neste capítulo, apresentarei as doze tecnologias que acredito que todo mundo deveria conhecer. Cada uma dessas ferramentas possui características únicas e aplicações específicas, por isso foram separadas em quatro áreas: chatbot e textos, criação de conteúdo, imagens e videos e análise de negócios.

Vale destacar que, assim como devemos fazer ao usar qualquer plataforma, indico a você que, antes de usar, leia o termo de uso de cada uma delas para saber se estão alinhadas com a política que você ou sua empresa acreditam ser correta.

UM CHATBOT PARA CHAMAR DE SEU

Criar um chatbot exclusivo com seus próprios dados pode ser uma decisão estratégica e vantajosa, capaz de fazer você e/ou seu negócio decolarem. Imagine um chatbot potente que conhece a sua atividade como a palma da mão e que você pode fazer qualquer pergunta para ele. Desde qual cliente comprou mais até como está o seu estoque. É esse tipo de vantagem que você obtém quando personaliza o seu chatbot com os seus próprios dados. Um ponto interessante é que, independentemente da sua empresa, você pode fazer um bot pessoal. Exemplo: Além do meu bot profissional, eu tenho um pessoal no qual coloco minha agenda, dados pessoais, preferências alimentares da família, histórico de WhatsApp, tudo. E por isso é como se eu tivesse um assistente o dia todo comigo. Olha esse chat:

Dessa maneira, fica claro que criar um chatbot personalizado com seus próprios dados é o caminho para uma experiência superior para você, seus funcionários e seus clientes, estabelecendo uma vantagem competitiva no mercado. Invista em um chatbot exclusivo e veja sua produtividade decolar.

ingestai (https://app.ingestai.io/)

Com uma interface muito simples você faz upload dos seus documentos e já começa a "conversar com eles". Você vai se assustar o quão rápido você pode montar o seu primeiro bot ao usar o Ingestai. Gastando um pouco mais de tempo, você ainda pode conectar o seu bot para conversar com você dentro do Slack, Discord, WhatsApp ou qualquer outro aplicativo de mensagem. O melhor de tudo, sem digitar nenhum código e sem precisar de habilidades técnicas.

Wand.ai (Wand) - (https://wand.ai/)

A plataforma Wand.ai é uma solução de autoatendimento em inteligência artificial para empresas que proporciona o desenvolvimento de um chatbot sem a necessidade de codificação complexa. Com ela, os usuários podem criar soluções de IA rapidamente e com facilidade, visando solucionar questões empresariais.

WebApi.ai (https://webapi.ai/)

É um construtor de chatbot de última geração que utiliza a tecnologia de IA de conversação baseada em GPT3. Ele só precisa de algumas amostras de diálogo do chatbot do usuário para começar a funcionar.

Ele fornece um conjunto de modelos prontos para uso e permite que os usuários criem cenários de diálogo que reproduzam as trocas de conversação naturais entre o chatbot e o usuário.

Ele também oferece suporte à integração com APIs e canais populares, como Facebook Messenger, WhatsApp, Telegram e Instagram. Além disso, os usuários têm acesso a tutoriais e exemplos para ajudá-los a construir seu chatbot.

Humata (https://app.humata.ai/)

O Humata é um chatbot com inteligência artificial projetado para ajudá-lo a trabalhar com seus documentos. Com o Humata, você pode fazer perguntas sobre seus dados e obter respostas instantâneas com tecnologia de

IA. Basta fazer upload de seus documentos e começar a perguntar. O sistema aceita documentos em vários formatos, inclusive PDF.

Isso torna a pesquisa e a compreensão de documentos complexos cem vezes mais rápidas. Ele pode aprender, resumir, sintetizar e extrair dados valiosos de seus arquivos, bem como criar relatórios e analisar documentos jurídicos rapidamente.

O Humata também fornece recursos instantâneos de perguntas e respostas, permitindo que você responda rapidamente a perguntas difíceis relacionadas ao seu arquivo. Por fim, ele pode criar automaticamente uma nova redação com base em seu arquivo, ajudando você a escrever artigos dez vezes mais rápido.

O Humata está disponível gratuitamente ou por US$ 4,99/mês para usuários *premium*.

CRIAÇÃO DE CONTEÚDO SEM AS LIMITAÇÕES DO CHATGPT

No campo da criação de conteúdo, a IA tem sido uma ferramenta valiosa para escritores, blogueiros e profissionais de marketing. Ferramentas como as que você verá a seguir utilizam algoritmos avançados para gerar textos otimizados para SEO, levando em consideração palavras-chave e estrutura do texto. Essas ferramentas possibilitam que os criadores de conteúdo produzam artigos de alta qualidade em menos tempo, permitindo que se concentrem em aspectos mais criativos e estratégicos de seu trabalho. Além disso, a IA também pode ser usada para reformular textos existentes, evitando penalizações por conteúdo duplicado e garantindo originalidade.

flowgpt (https://flowgpt.ai/)

FlowGpt leva o Chatgpt para um outro nível, automatizando a sua interação com ele.

Sabe quando você precisa criar um prompt no ChatGPT e com base nele você cria outro e assim vai criando até chegar ao resultado que você queria. No FlowGPT você faz isso de forma automática pois, como se estivesse montando um processo, você conecta graficamente caixas de prompts. Cada caixa se comunica com a caixa posterior.

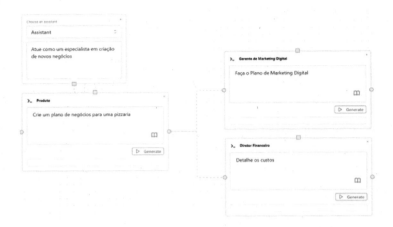

No exemplo acima, eu deixei três prompts prontos, agora basta clicar em "Generate" e todos os textos são criados. Se eu mudar de "pizzaria" para qualquer outro segmento, ele vai ajustar o texto automaticamente.

Se você é consultor, você tem a obrigação de saber usar esse sistema para aumentar em, no mínimo, dez vezes a sua produtividade. A plataforma é gratuita e pode ser acessada pelo link https://flowgpt.ai/.

Longshot (https://app.longshot.ai/)

Se você acha os textos do ChatGPT fracos e pouco profundos, vai adorar o LongShot FactGPT. Ele é um assistente de redação de IA desenvolvido pela Humanity Plus que ajuda você a gerar rapidamente conteúdo novo com base em fontes rastreáveis.

É como o ChatGPT da OpenAI, mas com conteúdo personalizado e verificado em tempo real. Isso mesmo, ele é conectado à internet e os recursos incluem a capacidade de gerar conteúdo sobre eventos atuais e recentes, filmes, produtos e muito mais.

Você também pode enviar seus próprios documentos ou arquivos para alimentar o contexto da IA e obter citações dos resultados. O LongShot FactGPT permite que você crie conteúdo personalizado para sua consulta e é de uso gratuito.

huggingface Chat (https://huggingface.co/chat/)

Hugging Face Chat, também conhecido como Hugging Chat, é uma alternativa de código aberto ao ChatGPT, lançada pela startup de IA Hugging Face. A Hugging Face é uma comunidade de IA que promove contribuições de código aberto e oferece uma variedade de modelos e bibliotecas para processamento de linguagem natural, visão computacional e outros campos relacionados à IA. O HuggingChat foi desenvolvido pelo projeto Open Assistant, organizado pela LAION, uma organização sem fins lucrativos alemã. É uma ótima solução para avançar em uma solução própria para você ou sua empresa.

CRIANDO IMAGENS E VÍDEOS COMO UM PROFISSIONAL

Outra área em que a IA tem sido aplicada com sucesso é a da edição de imagens e vídeos. Pessoas do mundo inteiro estão usando ferramentas de IA para simplificar o processo de design gráfico, permitindo que usuários sem experiência na área criem imagens e vídeos profissionais com facilidade. Além disso, softwares de edição de vídeo, como o Adobe Premiere Pro, estão incorporando recursos de IA para automatizar tarefas repetitivas e melhorar a qualidade das edições. Essas inovações permitem que profissionais e entusiastas da área economizem tempo e esforço, concentrando-se em aspectos mais criativos e artísticos de seus projetos.

Stable Diffusion (https://stablediffusionweb.com/)
Stable Diffusion é outra tecnologia que utiliza algoritimos de aprendizado profundo para transformar texto em imagens detalhadas. Essa ferramenta permite que

os usuários criem uma ampla variedade de imagens com base em descrições de texto, auxiliando na comunicação visual e na elaboração de projetos. O Stable Diffusion pode ser usado para melhorar apresentações, criar ilustrações para relatórios e até mesmo desenvolver protótipos de produtos.

Ele é muito similar a Midjorney, Dall-e, Image Creator (Microsoft) e Firefly da Adobe. Sendo que este último é melhor para quem sabe trabalhar com Adobe e pretende fazer alterações na imagem feita pela inteligência artificial.

Point-E (https://openai.com/research/point-e)

Esta IA cria objetos 3D. A IA é treinada em uma grande variedade de objetos 3D e suas características, como forma, textura e iluminação. Quando um usuário insere um texto ou uma renderização, a IA analisa as informações e utiliza seu conhecimento prévio para criar um modelo correspondente. Pode ser usada para criação rápida de elementos para jogos ou realidade virtual, por exemplo.

Runway (Runway)(https://runwayml.com/)

Uma das frases marcantes da Runway é "Tudo o que você precisa para criar tudo o que você imaginar". Esse modelo colabora com você na criação de quase qualquer coisa relacionada a fotos. Basicamente podemos falar que é uma ferramentas mágica que usa IA para gerar vídeos, projetar imagens, expandir suas imagens, treinar modelos personalizados, apagar coisas dos vídeos, transformar qualquer vídeo em câmera lenta.

Com base em prompts de texto ele altera suas fotos, mudando a gradação de cor, gerando texturas, modificando o estilo de uma imagem... Ele também cria variações da mesma imagem, colore fotos em preto e branco, "apaga" objetos ou altera o fundo e faz suas fotos virarem vídeos. Tudo isso em uma interface muito simples.

Fliki (Fliki) - (https://fliki.ai/)

Esta inteligência artificial utiliza técnicas avançadas de processamento de linguagem natural e aprendizado de máquina para transformar textos em áudios de voz natural. Ela também faz legendas e cria vídeos automaticamente com esses áudios, usando um banco de dados de imagens e vídeos para criar conteúdo visual complementar. Ou seja, essa IA oferece uma maneira rápida e fácil de criar conteúdo de qualidade.

MAgicSlide (https://www.magicslides.app/)

MagicSlide é um complemento do Google Slide que usa IA para criar slides de apresentação de forma rápida e fácil com base em qualquer texto. Ele resume automaticamente o texto e cria slides a partir dele, permitindo que os usuários personalizem sua apresentação como acharem melhor.

Em menos de dois a três segundos, os usuários podem ter uma apresentação profissional pronta. O uso do MagicSlides é gratuito e não requer dados de cartão de crédito. Ele também oferece modelos personalizáveis que podem ser usados para criar apresentações rapidamente.

Além disso, os usuários podem fornecer texto adicional para obter apresentações mais personalizadas. Magic Slides é fácil de usar e não requer conhecimento técnico.

ANÁLISE DE NEGÓCIOS – UM SHARK TANK DIGITAL

A análise de planos de negócios e projetos é outra área em que a IA tem demonstrado seu potencial. Softwares com inteligência artificial podem analisar automaticamente dados de diversas fontes, fornecendo informações valiosas para tomada de decisões. Por exemplo, a IA pode ser usada para identificar tendências de mercado, prever demanda e otimizar processos internos, auxiliando empreendedores e gestores na elaboração de estratégias mais eficientes e competitivas. Além disso, a IA também pode ser aplicada na análise de riscos e na identificação de oportunidades de investimento, ajudando investidores a tomar decisões mais seguras e rentáveis.

VenturusAI (https://venturusai.com/)

Chega de passar vergonha ao apresentar um ideia para o seu chefe ou investidor. A Venturus AI é uma ferramenta que analisa ideias de negócios e gera relatórios. Isso mesmo; se você pensou em um projeto e quer um *feedback* imparcial, coloque o projeto na ferramenta e receba *feedback* sobre como tornar as ideias de negócios bem-sucedidas.

Os usuários podem criar relatórios com a análise de seus projetos e tornar essas análises públicas ou fazer compartilhados controlados com convidados.

ate
CAPÍTULO 7

INTEGRAÇÃO DE OUTRAS TECNOLOGIAS DE IA: COMO OUTRAS TECNOLOGIAS DE IA PODEM SER INTEGRADAS COM O CHATGPT PARA AUMENTAR SUA EFICÁCIA

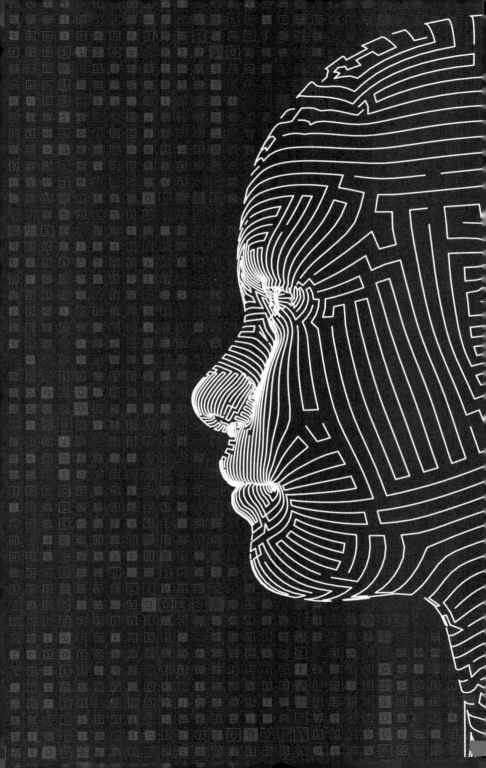

VISÃO GERAL DAS TECNOLOGIAS DE IA COMPLEMENTARES

O desenvolvimento de chatbots e outros sistemas inteligentes não é uma atividade isolada, mas sim uma combinação de várias tecnologias de IA complementares. Nesta seção, vamos explorar algumas dessas tecnologias que podem ser integradas ao ChatGPT para aprimorar suas funcionalidades e oferecer uma experiência mais rica e personalizada aos usuários.

A integração do ChatGPT com outras tecnologias de IA pode proporcionar benefícios significativos, como melhorar a precisão das respostas, fornecer *insights* mais profundos sobre as consultas dos usuários e ajudar a criar chatbots mais robustos e sofisticados. Algumas das tecnologias de IA complementares que serão discutidas nesta seção incluem análise de sentimentos, processamento de linguagem natural (PLN), reconhecimento de voz, sistemas de recomendação, visão computacional e internet das coisas (IoT).

No livro *Superinteligência: caminhos, perigos e estratégias* (2014), Nick Bostrom discute os avanços nas várias áreas da IA e como eles podem contribuir para o desenvolvimento de agentes cada vez mais inteligentes. A integração dessas tecnologias de IA complementares ao ChatGPT é uma estratégia importante para aproveitar ao máximo as habilidades do GPT-4 e criar chatbots com maior capacidade de entender e atender às necessidades dos usuários.

IA NA ANÁLISE DE SENTIMENTOS

A análise de sentimentos é uma técnica de IA que permite identificar, extrair e quantificar sentimentos e emoções expressos em um texto. Essa tecnologia tem sido amplamente utilizada para monitorar a opinião pública, avaliar a satisfação do cliente e analisar tendências nas redes sociais.

Ao integrar a análise de sentimentos ao ChatGPT, é possível criar chatbots capazes de compreender o estado emocional dos usuários e ajustar suas respostas de acordo com ele. Isso pode melhorar a qualidade das interações e torná-las mais humanas e personalizadas. Por exemplo, um chatbot de suporte ao cliente que identifica a frustração do usuário pode fornecer soluções mais rápidas e eficazes para resolver o problema.

O livro *Sentiment Analysis: Mining Opinions, Sentiments, and Emotions* (2015), de Bing Liu, explora os princípios e técnicas por trás da análise de sentimentos, além de discutir sua aplicação em diversos cenários. Ao aplicar essas técnicas no contexto do ChatGPT, podemos desenvolver chatbots que não apenas respondam às perguntas dos usuários, mas também compreendam e se adaptem às suas emoções.

PROCESSAMENTO DE LINGUAGEM NATURAL E ANÁLISE DE TEXTO

O PLN é uma área fundamental da IA que lida com a compreensão e manipulação da linguagem humana. O PLN abrange várias técnicas, como análise sintática, análise semântica e geração de linguagem, que são essenciais para a construção de chatbots como o ChatGPT.

A integração de técnicas avançadas de PLN e análise de texto ao ChatGPT permite a criação de chatbots capazes de compreender consultas complexas e gerar respostas mais precisas e relevantes. Além disso, o uso de técnicas de PLN pode ajudar a identificar padrões e tendências nos dados de texto, melhorando a eficácia dos chatbots em fornecer informações úteis aos usuários.

Em *Speech and Language Processing* (2020), Daniel Jurafsky e James H. Martin apresentam uma visão abrangente das técnicas de PLN e suas aplicações. A aplicação desses métodos ao ChatGPT pode expandir as capacidades do sistema, permitindo que ele compreenda melhor as intenções dos usuários e forneça respostas mais relevantes e personalizadas.

IA E RECONHECIMENTO DE VOZ

O reconhecimento de voz é uma tecnologia de IA que converte a fala humana em texto e é amplamente utilizada em aplicativos como assistentes virtuais, sistemas de atendimento ao cliente e dispositivos IoT. Integrar o ChatGPT com sistemas de reconhecimento de voz pode permitir a criação de chatbots que interagem com os usuários por meio de comandos de voz, proporcionando uma experiência mais natural e envolvente.

No livro *Automatic Speech Recognition: A Deep Learning Approach* (2014), Dong Yu e Li Deng exploram as técnicas modernas de aprendizado profundo aplicadas ao reconhecimento de voz e discutem como essas técnicas podem melhorar o desempenho dos sistemas de IA. Ao combinar o ChatGPT com sistemas de reconhecimento de voz, é possível criar chatbots que podem ser usados em uma ampla variedade de aplicações, desde suporte ao cliente até dispositivos de casa inteligente. Essa integração também pode permitir a criação de chatbots acessíveis para pessoas com deficiências visuais ou motoras.

SISTEMAS DE RECOMENDAÇÃO

Sistemas de recomendação são algoritmos de IA que fornecem sugestões personalizadas aos usuários com base em suas preferências e comportamentos. Esses sistemas são comuns em plataformas de comércio eletrônico, serviços de *streaming* e redes sociais, nas quais ajudam a filtrar informações e proporcionar uma experiência mais personalizada.

Ao integrar sistemas de recomendação ao ChatGPT, é possível criar chatbots que fornecem sugestões e informações relevantes com base no histórico e nas preferências dos usuários. Isso pode melhorar a qualidade das interações e tornar os chatbots mais úteis e adaptáveis às necessidades individuais dos usuários.

No livro *Recommender Systems: The Textbook* (2016), Charu C. Aggarwal fornece uma visão abrangente dos sistemas de recomendação, suas técnicas e aplicações. A integração desses sistemas ao ChatGPT pode expandir suas capacidades, permitindo que ele ofereça recomendações e sugestões personalizadas aos usuários, melhorando a experiência do usuário e a eficácia do chatbot.

VISÃO COMPUTACIONAL E CHATBOTS

A visão computacional é uma área da IA que se concentra na interpretação e análise de imagens e vídeos. Ao integrar a visão computacional ao ChatGPT, é possível criar chatbots capazes de processar e entender informações visuais, oferecendo uma gama mais ampla de serviços e funcionalidades aos usuários.

Por exemplo, um chatbot de suporte técnico pode analisar uma imagem de um dispositivo com defeito enviada pelo usuário e oferecer soluções específicas para o problema. No livro *Computer Vision: Algorithms and Applications* (2010), Richard Szeliski apresenta uma visão abrangente das técnicas e aplicações da visão computacional, oferecendo uma base sólida para a integração dessa tecnologia ao ChatGPT.

IA E IOT (INTERNET DAS COISAS)

A IoT é uma rede de dispositivos físicos, veículos, edifícios e outros objetos conectados à internet, permitindo a troca e análise de dados entre eles. Integrar o ChatGPT a sistemas de IoT pode permitir a criação de chatbots que interagem e controlam dispositivos inteligentes, melhorando a eficiência e a comodidade para os usuários.

Em *The Internet of Things: A Primer for the Curious* (2019), Alasdair Allan explora os fundamentos da IoT e seu potencial para transformar nossas vidas. Ao combinar o ChatGPT com a IoT, é possível criar chatbots que auxiliam os usuários no gerenciamento de dispositivos inteligentes, como termostatos, lâmpadas e sistemas de segurança.

CONSIDERAÇÕES DE DESEMPENHO E ESCALABILIDADE

Ao integrar o ChatGPT com outras tecnologias de IA, é crucial considerar o desempenho e a escalabilidade do sistema. Isso envolve garantir que o chatbot possa lidar com um grande número de solicitações simultâneas e oferecer respostas rápidas e precisas.

É importante otimizar o código e a arquitetura do chatbot, bem como considerar o uso de infraestrutura em nuvem para garantir a escalabilidade. No livro *Cloud Computing: Concepts, Technology & Architecture* (2013), Thomas Erl, Zaigham Mahmood e Ricardo Puttini discutem os princípios e práticas para projetar e implementar soluções escaláveis em nuvem.

Ao abordar essas questões de desempenho e escalabilidade, é possível criar chatbots mais eficientes e eficazes, garantindo que eles possam atender às demandas dos usuários e proporcionar uma experiência de usuário agradável e ágil. Além disso, a adoção de práticas de desenvolvimento e arquitetura adequadas permite a criação de chatbots capazes de crescer e evoluir junto com as necessidades dos usuários e as inovações tecnológicas.

CAPÍTULO 8

O FUTURO DO CHATGPT: COMO O CHATGPT IRÁ EVOLUIR?

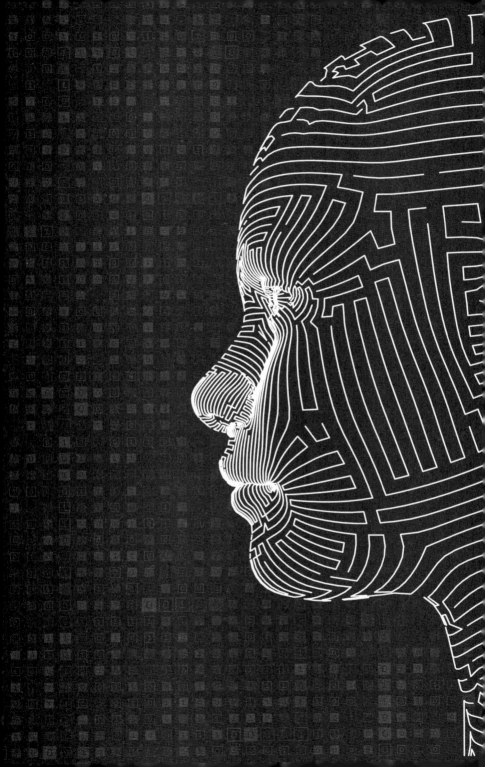

À medida que nos aprofundamos no futuro do ChatGPT, é evidente que esta tecnologia inovadora continuará a evoluir e a revolucionar a forma como interagimos com a inteligência artificial. O recente lançamento do GPT-4, a quarta geração do modelo de fundação da OpenAI, já demonstrou sua capacidade de imitar prosa, arte, vídeo ou áudio semelhantes aos humanos. Com sua capacidade de resolver problemas escritos, gerar texto ou imagens originais e até mesmo escrever código, o GPT-4 preparou o terreno para um futuro promissor.

Um dos desenvolvimentos mais emocionantes no mundo do ChatGPT é a introdução de *plugins*. Estas ferramentas de terceiros, desenvolvidas por desenvolvedores externos, oferecem uma infinidade de recursos exclusivos que atendem a necessidades específicas.

Entre esses *plugins* está o interpretador de código, uma ferramenta sensacional que pode analisar dados de planilhas ou bancos de dados e gerar *insights* valiosos para os usuários. Imagine poder inserir dados brutos e receber uma análise detalhada, completa com recomendações acionáveis, tudo por meio de uma simples conversa com o ChatGPT. Essa funcionalidade tem o potencial de economizar inúmeras horas de análise manual de dados e capacitar os usuários a tomar decisões mais informadas com base em soluções em tempo real.

Outro aspecto fascinante do futuro do ChatGPT é seu potencial de reconhecimento de imagem. Embora a data de lançamento prevista para esta funcionalidade não tenha sido anunciada oficialmente, prevê-se que seja lançada ainda em 2023. Esta adição permitirá ao ChatGPT analisar e interpretar dados visuais, abrindo novas possibilidades de aplicações em áreas como visão computacional, robótica e criação de conteúdo multimídia. Imagine você desenhar um site em uma folha de papel, mostrar para o ChaGPT por meio de uma foto e ele criar sozinho todo o código do site.

Enquanto aguardamos os futuros lançamentos e avanços na tecnologia ChatGPT, é essencial considerar o impacto que terá em vários setores. Desde a automação de tarefas mundanas, como respostas de e-mail e listas até usos mais avançados em pesquisa científica e desenvolvimento de *software*, o ChatGPT está prestes a se tornar uma ferramenta indispensável para empresas e indivíduos.

Além disso, a integração do ChatGPT com outras tecnologias e plataformas expandirá ainda mais seu alcance e influência. Por exemplo, a colaboração entre a OpenAI e a Microsoft disponibilizou o ChatGPT por meio do Azure OpenAI Service, uma oferta totalmente gerenciada com foco corporativo. Essa parceria representa o crescente interesse das principais empresas de tecnologia em aproveitar o poder do ChatGPT para suas operações.

À medida que nos aproximamos do lançamento dos *plugins*, podemos esperar recursos e capacidades ainda mais surpreendentes desta tecnologia de ponta. O futuro do ChatGPT é sem dúvida brilhante, com infinitas possibilidades de inovação e crescimento. Ao passo que continuamos a explorar e desenvolver novas formas de interagir com a inteligência artificial, o mundo aguardará ansiosamente cada novo marco na evolução do ChatGPT.

É evidente que o futuro do ChatGPT não se limita às suas capacidades atuais. Um exemplo claro é o Auto-GPT, uma ferramenta de IA de próximo nível que visa superar o ChatGPT e mudar a maneira como interagimos com a IA. Auto-GPT é um aplicativo de código aberto que usa GPT-4, criado por Toran Bruce Richards. Essa tecnologia inovadora foi projetada para superar as limitações dos modelos tradicionais de IA, que muitas vezes lutam para se adaptar a tarefas que exigem planejamento de longo prazo ou refinam de forma autônoma suas abordagens com base no *feedback* em tempo real.

O Auto-GPT faz parte de uma nova classe de aplicativos conhecidos como agentes recursivos de IA. Esses agentes têm a capacidade única de usar de forma autônoma os resultados que geram para criar novos prompts, encadeando essas operações para concluir tarefas complexas. Ao contrário do ChatGPT, o Auto-GPT pode acessar a internet, permitindo realizar pesquisas de mercado ou realizar outras tarefas semelhantes. Essa tecnologia inovadora tem o potencial de interromper o cenário da IA e nos aproximar do Santo Graal da IA – a criação de uma IA geral ou forte.

As implicações do Auto-GPT e agentes de IA semelhantes são vastas e de longo alcance. À medida que essas tecnologias continuam a evoluir, podemos esperar ferramentas de IA que nos permitam realizar tarefas muito mais complexas do que as coisas relativamente simples que o ChatGPT pode fazer. Em pouco tempo, começaremos a ver saídas de IA mais criativas, sofisticadas, diversificadas e úteis do que textos e imagens simples com os quais estamos acostumados. Sem dúvida, esses avanços terão um impacto ainda mais significativo na maneira como trabalhamos, nos divertimos e nos comunicamos.

Um dos aspectos mais empolgantes do Auto-GPT é sua capacidade de melhorar a si mesmo. Seu criador afirma que pode criar, avaliar, revisar e testar atualizações em seu próprio código, tornando-o potencialmente mais capaz e eficiente. Essa capacidade de autoaperfeiçoamento pode levar ao desenvolvimento de melhores modelos de linguagem grande (LLMs) que formam a base de futuros agentes de IA, acelerando o processo de criação de modelos.

Enquanto aguardamos o futuro promissor do ChatGPT e do Auto-GPT, é essencial considerar tanto a empolgação quanto a cautela que esses avanços em IA e AGI podem trazer. O cientista cognitivo Ben Goertzel, mais conhecido por seu trabalho como codesenvolvedor de Sophia the Robot, acredita que modelos generativos de IA como o ChatGPT têm o potencial de substituir muitas tarefas atualmente executadas por trabalhadores humanos. No entanto, ele também reconhece que as ferramentas de IA que automatizam partes substanciais dos empregos das pessoas podem levar à reorganização da indústria e à reatribuição de funções de trabalho.

Em conclusão, o futuro do ChatGPT está cheio de promessas e entusiasmo. Com o advento do GPT-4, a introdução de plugins como o interpretador de código, a antecipada funcionalidade de reconhecimento de imagem e os acima de tudo, os Auto-GPTS, estamos testemunhando o surgimento de uma nova era na inteligência artificial. À medida que o ChatGPT continua a evoluir e expandir suas capacidades, ele sem dúvida está remodelando a maneira como vivemos, trabalhamos e nos comunicamos, deixando-nos maravilhados com seu potencial e ansiosos para ver as surpresas que estão por vir.

CAPÍTULO 9

A MAGIA DA COAUTORIA: COMO ESCREVER UM LIVRO COM A AJUDA DO CHATGPT

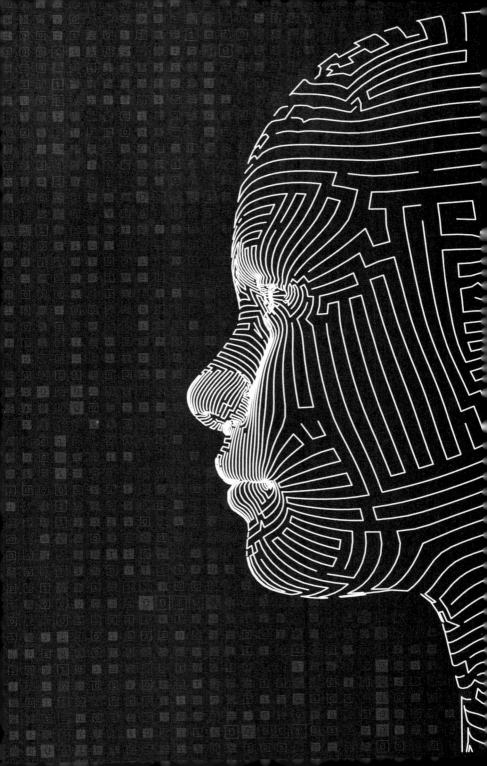

Em um mundo cada vez mais conectado e imerso em tecnologia, a comunicação e a expressão escrita têm adquirido novas formas e possibilidades. A inteligência artificial, especificamente o ChatGPT, tem se mostrado uma ferramenta surpreendente e útil para aqueles que buscam escrever um livro, especialmente os que não têm tanta familiaridade com a escrita literária.

É preciso entender que a inteligência artificial é uma ferramenta de auxílio, não o escritor principal. O conhecimento e a criatividade estão nas mãos do autor humano, e o ChatGPT serve como um assistente, contribuindo com ideias e sugestões. Ou seja, o ChatGPT é uma ferramenta de auxílio na escrita de suas obras, e a chave para o sucesso dessa parceria está no equilíbrio entre o conhecimento humano e a capacidade da inteligência artificial.

Em seguida, vamos ver os cuidados e o passo a passo que você precisa seguir para montar o seu livro.

O conhecimento é seu. O ChatGPT mente e fala pouco.

Uma das grandes vantagens proporcionadas pela inteligência artificial é a sua capacidade de ajudar a organizar o conhecimento e realizar buscas de maneira mais aberta e eficiente. No entanto, o ChatGPT mente.

Isso mesmo. Como já vimos no Capítulo 5, ele calcula a probabilidade da próxima palavra e por isso é comum que ele inclua dados não reais em suas respostas. Não é uma "mentira" intencional, mas sim uma limitação inerente ao seu modelo, ao treinamento e ao processo de geração de texto. Portanto, considere o ChatGPT um assistente, mas sempre valide as informações fornecidas por ele porque, inevitavelmente, uma hora ele vai tentar mentir para você e vai ser muito convincente quando fizer isso.

Veja esse exemplo:

Imagine que eu sou uma pessoa que quer falar sobre inserção de memória artificial em seres vivos, um tópico de que eu gosto muito, mas ao pedir ajuda da IA sem trazer minha própria *expertise* recebo a seguinte resposta:

 Fale sobre inserção de memória artificial em seres vivos

A inserção de memória artificial em seres vivos ainda é um conceito teórico e não é uma prática ética ou legalmente aceita em humanos ou animais. A complexidade do cérebro humano e as preocupações éticas relacionadas ao bem-estar e aos direitos dos seres vivos são fatores que tornam difícil e pouco viável essa prática. No entanto, existe interesse crescente em tecnologias de interface cérebro-máquina para ajudar pessoas com deficiências físicas e cognitivas, mas essas tecnologias são regulamentadas e monitoradas para garantir a privacidade, segurança e bem-estar dos usuários.

Repare que ela praticamente negou a existência de estudos mais abrangentes sobre o assunto, o que levaria um conceito errado para o livro.

Como eu me lembro de ter lido um estudo antigo sobre isso, eu farei a pergunta descrevendo algo que eu lembre sobre estudos nessa área.

Houve um estudo, acredito que na Califórnia, em que cientistas implantaram memória artificial em um rato. Você tem informações sobre esse estudo?

Sim, em 2011 houve um estudo realizado na Universidade da Califórnia em Los Angeles (UCLA) em que os cientistas implantaram uma memória artificial em ratos.
Os pesquisadores usaram uma técnica chamada "optogenética" para manipular as células cerebrais dos ratos. Eles usaram luz para ativar ou desativar certas células cerebrais enquanto os ratos exploravam um labirinto. Em seguida, os cientistas usaram outra técnica chamada "eletrofisiologia" para medir a atividade elétrica no cérebro dos ratos.
Os cientistas descobriram que podiam criar uma memória artificial nos ratos, fazendo com que as células cerebrais associadas a uma determinada experiência no labirinto se tornassem mais ativas. Em seguida, eles ativaram essas células cerebrais novamente usando a optogenética, e os ratos se lembraram da experiência no labirinto, mesmo quando não estavam no labirinto.

Perceba a diferença: agora o ChatGPT me deu informações mais precisas com base nas quais posso me aprofundar no assunto, perguntando sobre os resultados ou estudos parecidos em outras universidade ou países.

Sobre "falar" pouco, o ChatGPT tem uma limitação de tamanho de texto por resposta, cerca de 1.048 tokens para o plano gratuito e 4.096 tokens para o plano pago. Isso representa cerca de 5.000 e 25.000 caracteres com espaço. Portanto, é impossível que ele escreva o texto inteiro para você. Por isso você vai precisar dividir o seu livro em partes e ir discutindo e escrevendo com o chat, pedaço a pedaço.

Tomando os cuidados mencionados aqui e seguindo os passos a seguir, você conseguirá montar seu livro no tempo que você jamais imaginou que faria.

O primeiro passo é decidir a estrutura do seu livro, seus capítulos, tom da escrita, tamanho e público. Comece com o seguinte prompt:

*Começo do prompt

Você vai escrever um livro junto comigo sobre [assunto do livro]. O livro deve surpreender o leitor com dados e informações relevantes. Vamos trabalhar da seguinte forma: eu vou dar as instruções e você vai me ajudar com *insights*.

As seguintes informações são importantes sobre o livro:

- O livro deve ter entre [200 a 300] páginas.
- O público-alvo é [descreva bem o seu público. Ele é técnico? Qual escolaridade? Idade? E qualquer outra informação importante].
- O modelo de escrita deve ser [dê exemplos de como você gosta de escrever e liste autores cuja escrita você aprecia].

- Não cite estudos ou pesquisas que não existiram [esse comando ajuda, mas não impede que ele minta].
- Cite livros ou qualquer outra referência que faça sentido e melhore o conhecimento do leitor [valide todas].

Com base nessas informações, você deve criar a estrutura do livro. Liste os capítulos e faça a separação por página com base na profundidade do assunto.

*Fim do prompt

OBS: Os colchetes são espaços para dados subjetivos, que devem ser alterados conforme sua escolha.

A resposta do ChatGPT será uma proposta de lista de capítulos. Copie essa informação para um editor de texto e analise a proposta dele. A sua função agora é analisar e fazer as modificações necessárias. Isso é fundamental para você dar o seu toque especial, fazer com que o livro realmente tenha a sua cara e não a do ChatGPT. Adicione ou retire capítulos, mude a sequência e deixe de uma forma que faça sentido para você. Feito isso, você terá a estrutura macro do livro. Salve esse documento de texto.

Agora você vai abrir um novo chat e colocar o seguinte prompt.

*Começo do prompt

Você vai escrever um livro junto comigo sobre [assunto do livro]. O livro deve surpreender o leitor. Vamos trabalhar da seguinte forma. Eu vou dar as instruções e você vai escrevendo. Vou te passar dois parâmetros para a construção do livro. São eles:
1. O modo de escrita que você vai usar.
- O livro deve ter entre [200 a 300] páginas.
- O público-alvo é [descreva bem o seu público. Ele é técnico? Qual escolaridade? Idade? E qualquer outra informação importante].
- O modelo de escrita deve ser [dê exemplos de como você gosta de escrever e liste autores cuja escrita você aprecia].
- Não cite estudos ou pesquisas que não existiram [esse comando ajuda, mas não impede que ele minta].
- Cite livros ou qualquer outra referência que faça sentido e melhore o conhecimento do leitor [valide todas].
2. Essa é a estrutura do livro.
- Capítulo 1.
- Capítulo 2.
- Capítulo 3.

Pela limitação do ChatGPT de formular respostas com no máximo 2.048 tokens, indique-me uma divisão por seção do capítulo 1 com base no assunto que precisa ser abordado no capítulo.

*Fim de prompt

O ChaGPT responderá com a estrutura que você havia definido no capítulo anterior e com o Capítulo 1 dividido em seções. Repita esse passo para cada capítulo e no final você terá uma lista mais ou menos assim:

*Começo do prompt
1. **Capítulo 1**
- Seção 1
- Seção 2
- Seção x
2. **Capítulo 2**
- Seção 1
- Seção 2
- Seção x
3. **Capítulo 3**
- Seção 1
- Seção 2

- Seção x

*Fim do prompt

Agora, temos a estrutura do livro, dividida em seções com tamanhos possíveis de serem escritos pelo ChatGPT. Após você fechar a estrutura, uma dica boa é usar o ChatGPT para revisá-la junto com você. Use o seguinte comando:

*Começo do prompt

"Estou escrevendo um livro sobre [assunto]. Vou te apresentar a estrutura do livro, identifique se temos algum assunto repetitivo em alguma parte do livro.

[cole a estrutura do livro]

*Fim do prompt

Nesse momento, ele pode identificar alguns tópicos repetitivos. Revise quantas vezes forem necessárias até que finalmente você tenha a estrutura macro do seu livro. Agora é hora de começar a escrever.

Use o seguinte prompt:

*Começo do prompt

Você vai escrever um livro junto comigo sobre [assunto do livro]. O livro deve surpreender o leitor. Vamos trabalhar da seguinte forma. Eu vou dar as instruções e você vai escrevendo. Vou te passar dois parâmetros para a construção do livro. São eles:

1. O modo de escrita que você vai usar.

[cole o modelo de escrita]

2. Essa é a estrutura do livro.

[cole a estrutura do seu livro]

Sua tarefa é: Vamos desenvolver um diálogo e no final vamos juntar tudo em um texto que representará a seção 1 do capítulo 1. Forneça-me *insights* para a seção 1 do capítulo 1. Atenção para não abordarmos assuntos de outras seções. Se isso acontecer, você deve me avisar. Comece.

*Fim do prompt

Pronto, a partir daqui vocês começam um diálogo que terminará com o texto da Seção um. Pegue o resultado e comece a construir capítulo por capítulo.

CAPÍTULO 10

CONCLUSÃO: PRINCIPAIS CONCLUSÕES E RECOMENDAÇÕES PARA OS LEITORES QUE ESTÃO SE PREPARANDO PARA UMA NOVA ERA

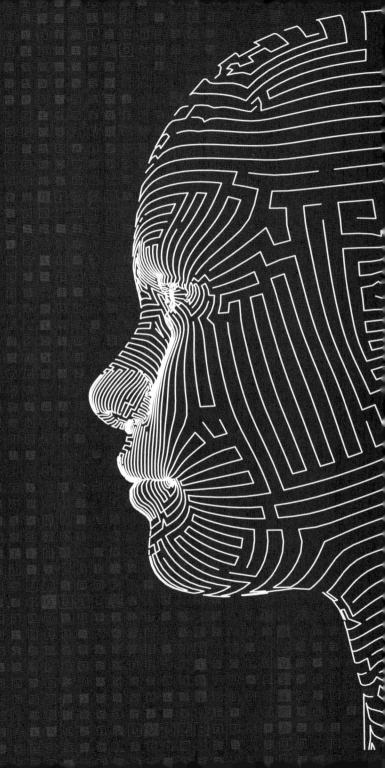

Ao longo deste livro, exploramos o incrível potencial do ChatGPT e como ele pode transformar a maneira como nos comunicamos, trabalhamos e vivemos. Ao mesmo tempo, é importante reconhecer que a rápida evolução dessa tecnologia também traz desafios significativos, incluindo a perda de empregos e a necessidade de adaptação constante para se manter relevante no mercado de trabalho.

A revolução causada pelo ChatGPT e outras tecnologias de IA não é apenas uma mudança tecnológica, mas também uma mudança social, que afetará diretamente a vida de milhões de pessoas em todo o mundo. À medida que essas tecnologias avançam, muitos postos de trabalho serão eliminados, especialmente aqueles que envolvem tarefas repetitivas ou que exigem pouco conhecimento especializado. No entanto, também surgirão novas oportunidades de emprego, que demandarão habilidades diferentes das que temos hoje.

É fundamental que os indivíduos assumam a responsabilidade de se adaptar a essa nova realidade, buscando conhecimento e desenvolvendo habilidades que os ajudarão a prosperar na era da inteligência artificial. Não podemos simplesmente contar com o governo ou com os empregadores para fornecer essa capacitação. A educação e o autodesenvolvimento devem ser vistos como investimentos em nosso próprio futuro e na construção de uma sociedade mais resiliente e adaptável.

A chave para enfrentar esses desafios é a preparação e a disposição para aprender continuamente. Devemos estar prontos para enfrentar as mudanças e buscar oportunidades de crescimento, mesmo quando parecem assustadoras ou desconhecidas. Isso inclui buscar cursos, treinamentos e outras formas de educação que nos ajudem a desenvolver habilidades relevantes para o mercado de trabalho do futuro.

Além disso, é importante que as empresas e organizações também se adaptem a essa nova realidade, investindo em treinamento e desenvolvimento de seus funcionários. Isso inclui oferecer oportunidades de aprendizado contínuo e incentivar o desenvolvimento de habilidades relevantes em IA e outras áreas tecnológicas. Ao capacitar seus funcionários, as empresas estarão preparadas para enfrentar os desafios e aproveitar as oportunidades que a inteligência artificial apresenta.

Além disso, é vital que as empresas adotem uma abordagem proativa e estratégica para a implementação de tecnologias de IA, como o ChatGPT. Isso inclui analisar e identificar áreas em que a IA pode agregar valor, melhorar a eficiência e aumentar a competitividade. Ao adotar a IA de forma planejada e estratégica, as empresas podem garantir que estão aproveitando ao máximo seu potencial.

A ética e a responsabilidade também são aspectos fundamentais na implementação da IA nas empresas. É crucial estabelecer e seguir diretrizes éticas e políticas claras para garantir que a IA seja usada de maneira responsável e que proteja os interesses dos funcionários, clientes e outras partes interessadas.

As empresas também devem buscar colaboração e parcerias com outras organizações, fornecedores de tecnologia e instituições acadêmicas. Essa colaboração pode criar sinergias e promover a troca de conhecimento, além de ajudar a enfrentar desafios comuns relacionados à inteligência artificial.

É essencial que as empresas e pessoas sejam ágeis e estejam dispostas a se adaptar rapidamente às mudanças trazidas pela IA. Isso significa estar aberto a novas ideias, abordagens e modelos de negócios, bem como estar preparado para tomar decisões rápidas e eficazes com base nas informações disponíveis.

Com o ChatGPT e outras tecnologias de IA, temos a oportunidade de tornar o mundo um lugar melhor, mais eficiente e mais conectado. Porém, essa oportunidade vem com a responsabilidade de garantir que essa transição seja justa e inclusiva. A melhor maneira de fazer isso é incentivando a educação e o desenvolvimento de habilidades relevantes e, ao mesmo tempo, promovendo políticas e práticas que ajudem a proteger aqueles que possam ser afetados negativamente pela rápida evolução da IA.

Portanto, a mensagem principal deste livro é que, embora o ChatGPT e outras tecnologias de IA apresentem desafios significativos e às vezes até assustadores, também há um enorme potencial de crescimento e desenvolvimento para aqueles que estão dispostos a se adaptar e aprender. A chave para enfrentar essa revolução é investir em nós mesmos, desenvolvendo habilidades relevantes e buscando oportunidades para crescer profissional e pessoalmente.

Em última análise, a era da inteligência artificial será o que fizermos dela. Podemos escolher abraçar as mudanças com otimismo e determinação ou resistir e nos apegar a um passado que jamais retornará. A escolha é nossa, e o futuro está em nossas mãos.

Para concluir, é fundamental que abordemos a inteligência artificial e suas implicações com responsabilidade e consciência. Cabe a nós, como sociedade, garantir que as oportunidades proporcionadas pela IA sejam distribuídas de maneira justa e que as pessoas sejam capacitadas para enfrentar os desafios que essa nova era trará. Ao fazer isso, podemos garantir que o futuro seja brilhante e cheio de possibilidades para todos nós.

Aos leitores deste livro, esperamos que as informações e reflexões apresentadas aqui possam servir como um estímulo para buscar conhecimento e se preparar para um futuro em constante evolução. Que possamos todos enfrentar a era da inteligência artificial com coragem, determinação e um compromisso contínuo com o aprendizado e o autodesenvolvimento.

Com a atitude certa, a disposição para aprender e o empenho em fazer parte dessa revolução, é possível não apenas sobreviver, mas também prosperar na era da inteligência artificial. Desejamos a todos sucesso nessa jornada e esperamos que este livro tenha sido um útil ponto de partida.

Livros para mudar o mundo. O seu mundo.

Para conhecer os nossos próximos lançamentos
e títulos disponíveis, acesse:

🌐 www.**citadel**.com.br

f /**citadeleditora**

📷 @**citadeleditora**

🐦 @**citadeleditora**

▶ Citadel – Grupo Editorial

Para mais informações ou dúvidas sobre a obra,
entre em contato conosco por e-mail:

✉ contato@**citadel**.com.br